底层逻辑

个体实现自我突破的一整套思维框架

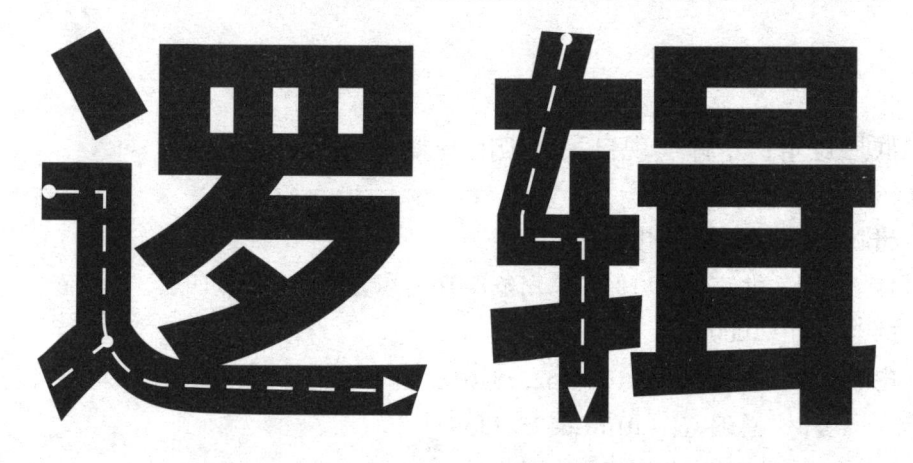

王毅 编著

北京日报出版社

图书在版编目（CIP）数据

底层逻辑：个体实现自我突破的一整套思维框架 / 王毅编著. -- 北京：北京日报出版社，2025.3.
ISBN 978-7-5477-5078-0

Ⅰ.B80-49

中国国家版本馆CIP数据核字第2024CJ4876号

底层逻辑：个体实现自我突破的一整套思维框架

出版发行	北京日报出版社
地　　址	北京市东城区东单三条8-16号东方广场东配楼四层
邮　　编	100005
电　　话	发行部：（010）65255876
	总编室：（010）65252135
印　　刷	三河市华润印刷有限公司
经　　销	各地新华书店
版　　次	2025年3月第1版
	2025年3月第1次印刷
开　　本	710毫米×1020毫米　1/16
印　　张	15.5
字　　数	230千字
定　　价	58.00元

版权所有，侵权必究，未经许可，不得转载

序　言

个体实现自我突破的一整套思维框架

在复杂多变的世界中，我们时常被各种现象、观点和信息所包围。然而，在纷繁复杂的表象之下，却隐藏着一些不变的、基本的规律，也就是底层逻辑。

那么，底层逻辑究竟是什么呢？顾名思义，它是构成事物最基础、最本质的逻辑关系。《荀子·儒效》中有"千举万变，其道一也"的说法，《庄子·天下》则指出"不离于宗，谓之天人"。这里的"道""宗"其实就是底层逻辑，它深埋于表面现象之下，需要通过深入的分析和思考才能得以揭示。它不受外部因素的影响，总是始终如一地存在，是事物发展的内在驱动力。

具体来看，底层逻辑的特点和作用表现在以下几个方面。

稳定性与持久性：无论外部环境和条件如何变化，底层逻辑始终保持不变，这样才能为我们的思考和行动提供最为稳定的基础。比如，人类的道德观念就是一种底层逻辑。不论在哪个时代、哪个地区，人们普遍认同的一些道德原则如公正、诚实、尊重等，都是社会得以正常运行的基石。在人们的日常生活中，这些底层逻辑也起着指导作用，帮助人们判断是非、做出决策，避免了许多不理性的行为。

普遍适用性：底层逻辑适用于各种领域和情境。无论是国家治理、企业管理、商业投资，还是个人成长，底层逻辑都发挥着极其重要的作用。在生活中，无论我们遇到什么样的问题，无论这些问题看上去多么复杂，只要我们能够抓住其底层逻辑，就能够迅速找到解决问题的方法。

深入性和广泛性：底层逻辑关注事物的本质，具有深入核心、直达根源的特点。同时，底层逻辑也涉及广泛的领域和层面，包括自然科学、社会科学、人文科学等各个方面。通过理解底层逻辑，我们可以更加全面地认识世界，更加深入地理解事物的本质和规律。

指导性与预测性：底层逻辑为我们提供了思考和行动的指导原则，帮助我们做出更加明智的决策，从而有效避免行动的盲目性。同时，底层逻辑也具有一定的预测性，它可以帮助我们预测事物的发展趋势，让我们能够抓住更多的机遇。

在实际应用中，底层逻辑的重要性不言而喻。从个人发展的角度来看，底层逻辑能够帮助我们更好地认识世界，把握事物发展的规律，从而在解决问题时更加得心应手。从社会发展的角度来看，底层逻辑是推动创新和进步的基石。通过深入探究事物的底层逻辑，我们可以发现新的可能性，提出更多的解决方案，推动社会的进步和发展。

然而，由于底层逻辑具有深刻性和隐蔽性，想要准确把握它并非易事。这需要我们具备深入的分析与洞察能力，不断追问"为什么"，以探索事物背后的根本原因，理顺其逻辑关系。

同时，我们也需要具备跨学科融合的能力，能够将不同领域的知识和经验进行整合与迁移，才能更好地把握底层逻辑。当然，这种跨学科学习和实践本身也是一种"个人进阶"的途径，可以帮助我们拓宽视野，进化思维方式。

另外，我们需要具备批判性思维的能力，这样才能对纷繁复杂的信息进行筛选、分析和评估，进而准确地把握事物的本质和发展规律，避免被表面或虚假信息所迷惑。

此外，理解和应用底层逻辑需要我们将所学所思应用于实际生活和工作中。通过不断地实践、总结、反思和调整，我们可以持续优化自己的底层逻辑思维方式，提升自己的决策和行动能力。

对于每一个渴望改变现状、实现自我突破的人来说，底层逻辑是一种基础性、普遍适用的思维框架，它为复杂问题的解决提供了根本性的指导。通过深入理解和应用底层逻辑，我们可以更好地应对生活中的挑战，加速个人成长。在这个过程中，我们需要保持开放的心态，积极探索底层逻辑的奥秘，形成自己的敏锐眼光和独特见解。只有这样，我们才能在复杂多变的世界中立足并不断发展。

目 录

第一章　升级认知，直抵思考的底层逻辑　　001

1. 在复杂的世界中，保持清醒敏锐的头脑　　002
2. 简化思维，从复杂的现象中洞见本质　　005
3. 学会"慢思考"：在信息超载的时代抓住关键　　008
4. 认识"幸存者偏差"，避免片面化思考　　011
5. 别让固定思维把你引进"死胡同"　　014
6. 排除异常情况，寻找共性和规律　　017
7. 学一学"大胆假设，小心求证"　　020
8. 批判性思维：学会提问和质疑　　023
9. 着眼于全局，用系统思维看得更高、更远　　026
10. 探索性思考：从未知开始，逐步接近真相　　029

第二章　透视内心，突破自我的底层逻辑　　031

11. 打破桎梏，全面而真实地定义"自我"　　032
12. 避开消极的自我暗示，别总说"我不行"　　035
13. 停止妄下结论，避免庸人自扰　　038
14. 强化自我意识，逐步提升自控力　　041
15. 面对并克服内心的恐惧　　044

16. 不做盲目比较，避免陷入自卑的旋涡　　047
17. 停止"自虐式"自律，通往自由境界　　050
18. 打破"自我惯性"，注入新的习惯　　053
19. 自设挑战，别让"舒适区"不知不觉毁了你　　056
20. 构建成长逻辑：以积极心态看待挑战与变化　　059

第三章　终身学习，破解能力的底层逻辑　　063

21. 核心竞争力：个人实现"逆袭"的关键　　064
22. 了解自身优势，从擅长的事情做起　　067
23. 学习，不断充实自己的能力储备　　070
24. 跨学科融合：拓宽学识边界，洞察世界真相　　073
25. 摆脱学习焦虑，让知识产生价值　　076
26. 保持好奇心，不满足于表面的解释　　079
27. 培养创新思维，求"新"才有更多机会　　082
28. 刻意练习你想具备的技能，重复正向循环　　085
29. 跳出"能力陷阱"，突破个人发展的天花板　　088
30. 探寻潜能，唤醒内在的强大力量　　091

第四章　打开格局，理顺做人的底层逻辑　　095

31. 减少自我关注：别把自己当成世界的中心　　096
32. 不必刻意伪装，真诚更容易赢得好感　　099
33. 保持低调，打造受人喜欢的亲和力　　102
34. 守住情绪的底线，提防"野马结局"　　105
35. 过刚易折，能屈能伸是做人的大智慧　　108
36. 识破"委屈"的底层逻辑，摆脱"受害者心态"　　110
37. 不要时刻锋芒毕露，学会韬光养晦　　113

38. 掌握"取舍"的底层逻辑，寻找人生最优解　　115

39. 让步不是投降，看懂"妥协"的底层逻辑　　118

第五章　提升"段位"，弄清做事的底层逻辑　　**121**

40. 建立结果逻辑，做事要奔着"结果"去　　122

41. 尊重客观规律，让自己顺势而为　　125

42. 把握好时机，学会在正确的时间做事　　128

43. 与其"低效努力"，不如提前选对方法　　131

44. 和正确的人共事，可以事半功倍　　134

45. 做事要有"角色感"和"场合感"　　137

46. 遵循二八定律，做事要分清主次　　140

47. 拒绝经验主义，别犯"吃老本"的错误　　143

48. 每次做事，都要留下备选方案　　146

49. 学会"借力"，做事更有效率　　149

50. 做事不顺利，学会从自己身上找原因　　152

第六章　洞察人心，掌握人际交往的底层逻辑　　**155**

51. 人以群分：找到情投意合的交往对象　　156

52. 圈子定律：圈子不同，不必强行融入　　159

53. 多做换位思考，交往中少一些自以为是　　162

54. 互惠原则：相互扶持的关系才能长久　　165

55. 克制否定他人的欲望，学会肯定并赞美　　168

56. 善用"肥皂水效应"，批评别人要留面子　　171

57. 了解宽容定律，别对亲密的人太苛刻　　174

58. 再熟也不能逾矩，警惕"超限效应"　　177

59. 远离"消耗型关系"，好的关系才能带来滋养　　179

第七章　整合资源，描绘向上进阶的底层逻辑　　**183**

60. 洞察资源之脉络，绘制你的"价值地图"　　184
61. 知识整合：构建并利用自己的知识体系　　187
62. 关系整合：发挥"人脉网络"的最大价值　　190
63. 团队整合：与他人协同作战，提升效能　　193
64. 时间整合：在有限的时间里追求效率最大化　　196
65. 资金整合：为"逆袭"提供坚实的经济基础　　199
66. 信息整合：让信息更好地为自己服务　　202
67. 平台整合：利用网络之力，放大资源效应　　205

第八章　实现"逆袭"，唤醒人生"翻盘"的底层逻辑　　**207**

68. 告别"无用的思考"，"逆袭"从行动开始　　208
69. 清晰、具体的"逆袭"目标，才更容易实现　　211
70. "逆袭"有计划：详细规划路径与步骤　　214
71. 迈出第一步，先完成最轻松的目标　　217
72. 看透失败的底层逻辑，学会"科学地犯错"　　220
73. 培养抗挫能力，享受"逆袭"的过程　　223
74. 保持定力和韧性，化解危机和困局　　226
75. 定期复盘：将经验转化为底层思维　　229
76. 及时调整策略，不断优化和迭代　　232
77. 开启新篇章："逆袭"之后还有更多可能　　235

第一章

升级认知，直抵思考的底层逻辑

1. 在复杂的世界中，保持清醒敏锐的头脑

在生活中，常见这样的场景：明明是哄小孩子的把戏，却总是会有人上当。为什么？理由可能有千千万，但归根结底只有一条：看不清事物的底层逻辑，只相信自己看到的"事实"和"真相"。

尤其是当一个人思考能力较为薄弱时，在遇到紧急、重要的事情时，往往倾向于相信所谓的"眼见为实"，而不会进行深入的思考，进而看不清事物的底层逻辑。

王先生在职场打拼多年，攒了一些钱，想做些保本的投资。他向一位金融行业的朋友请教：如何才能找到高收益、稳赚不赔的项目？于是，朋友给他推荐了一个项目，并特别叮嘱他："这是内部机会，需要保密。"

王先生先是投入了30多万元，后在朋友的建议下，又追加了20万元。半年后，王先生急着用钱，想支取一部分，这时才发现，该项目非但没有高额投资回报，本金也拿不回来了。报案后才得知，自己参与了一场集资诈骗。

在这个案例中，王先生希望通过投资来增加自己的财富，却没有认清一个基本的投资逻辑——风险与收益成正比，没有绝对的稳赚不赔。

在面对选择时，我们往往有两种心态：一种是理智，另一种是感性。理智的人通常能够理性分析问题，能判断他人所说的是否符合常理和规律。感性的人则更在意自己的内在需求，在缺少理性思考的情况下，容易

盲目相信他人。

在复杂的世界中，很多人之所以看不清一些事物的真相，即便看到了也不愿意相信，多半是因为他们缺乏底层逻辑，而这主要归因于以下几个方面。

- 犯类比论证错误

什么是类比论证？类比论证是指根据两个或两类对象在某些属性上相似，推出它们在其他属性上也相似的论证形式。

有些人有一个不好的习惯，那就是习惯进行错误的类比。比如，某人在一个项目上赚了钱，便会被人进行类比论证，认为："他行，我也行。"事实上，每个人的天赋、能力、条件、资源等都是不同的。这种简单的类比，很容易得出错误的结论。

在我国古代，西施可谓一代佳人，这令东施钦羡不已。东施一心期望自己能如西施般美丽。一日，西施患病，蹙眉弯腰之态恰被东施瞧见。东施竟觉得此乃西施之美所在，遂开始效仿西施这般模样。怎料，却是愈发丑陋。

不同的人在某些方面存有相似之处，但这并不意味着他们在其他方面也相同，即便身处高度相似的环境中。有时，我们了解了一些成功人士的经历，便以为照样去做就能取得同样的成就。实际上，这正是犯了类比论证的错误。

- 易被伪逻辑洗脑

很多人会用伪逻辑思维来行骗。准确地说，是通过偷换概念的"伪逻辑"对受骗者进行洗脑。比如，有人习惯说："钱是赚来的，不是省来的。你听说哪个富人的钱是省出来的？所以，只有多花钱才能成为富人。"这话听上去有些道理，但又觉得哪里不对劲。

其实，富人大部分的资金用在了投资方面，毕竟，投资与消费是两码事。再说，大多数人只是普通人，需要靠工资生活，其背景、资源、能力等有限。当然，这并不是说不鼓励人们消费，而是要理性消费。

我们的身边总有一些经过包装的概念，这些概念听起来似乎很有道理，从表面上基本难以察觉其中的漏洞，实际上却是"伪逻辑"。倘若你缺乏"反伪逻辑思维"，便极易被误导。

- 欠缺独立思考能力

我们都清楚，许多关于"成功学"的内容都是骗局，尤其是一些江湖骗子，经常把自己包装成某个行业的大师，背景看似"高大上"，其实99%都是虚假的。但你是否思考过这样一个问题：为什么会有不少人盲目相信呢？关键原因是缺乏独立思考能力。

心理学家古斯塔夫·勒庞在《乌合之众》中曾说过："人一旦融入群体，智商就会急剧下降。为了获取认同感，个体甘愿抛弃是非，用智商去换取那份让人备感安全的归属感。"从这个层面来说，若要追求真理、看清真相、防止被洗脑，就必须具备独立思考的能力，不能成为"乌合之众"。

在这瞬息万变的世界里，倘若不能善于把控事物的底层逻辑，就极易落入圈套。唯有提升自身的思维能力，牢牢把握事物的底层逻辑，不论他人使出何种花招，都能够轻而易举地识破其中的逻辑漏洞。

2. 简化思维，从复杂的现象中洞见本质

简化思维是一种将复杂问题、现象或信息进行提炼和概括，以更清晰、直接和有效的方式理解和处理事物的思维方式。它不是简单地忽略细节，而是在充分理解复杂情况的基础上，抓住核心要素，剔除无关紧要或次要的部分。

比如，在面对一个庞大的项目时，简化思维能够帮助我们明确主要目标和关键步骤，而不是被众多的细枝末节所困扰。再如，在分析大量数据时，简化思维可以让我们找出最有价值和代表性的数据，从而得出关键结论。

这里的"简化"，可以是做"断舍离"的减法，也可以是"少即是多"的精炼艺术，甚至可以说是一种事物到了高深处的大道至简。毕竟，我们的脑容量有限，每天可用的时间和精力也有限，所以，要学会剥离掉工作和生活中那些不重要的事，把有限的时间和精力聚焦到更重要、更有价值的事情上——每一件事做到1分，做100件事，和把一件事做到100分，结果是完全不同的。

在某公司的一次营销会议上，关于采用A方案还是B方案，大家各抒己见，产生了分歧。就在所有人试图厘清市场因素对用户人群的影响时，老板突然按下暂停键："算了，这个市场因素我们不考虑了。"

小李问道："为什么？"

老板说:"品牌定位、市场因素、用户体验,这不是我们昨天才探讨过的问题吗?"

小李不解,便说:"我们的对标产品明明是××品牌,而这个赛道现在尝试的人也不多。如果我们选用A方案,会不会对我们的品牌定位有影响?"

还没等小李说完,小张插话说:"你想的太简单了,我们还要考虑费用、人员等问题……"

老板再次打断了他们的发言:"好了,你们先别说了。"

会后,小李仍然对这件事念念不忘。于是,他向老周说起了这件事,老周在职场沉浮多年,他一眼就看出了问题所在,对小李说:"不是老板不想听你们的意见,是你们喜欢把事情复杂化,其实,老板想要的只是一个结果,而不是你们长篇大论的分析。"

不论是在生活还是在工作中,类似的场景有很多。为什么当我们越是想看清一件事,它就越发变得复杂和模糊不清,甚至最终会演变为一场无意义的争论?根本的原因在于:我们在分析问题时过分注重细枝末节,而忽略了抓住问题本质的重要性。

当我们面对复杂的问题或现象时,简化思维能够帮助我们直击问题的核心,迅速抓住关键要点。从这个意义上说,简化思维也是一种本质思维。在生活或工作中,如何运用简化思维来把握本质呢?

- 清楚自己想要什么

人生路上,困惑与纷扰常伴左右,究其根本,往往是因为我们未能洞悉内心的真实需求。当你对自己的目标和现状有了深刻的认识时,便能在取舍之间游刃有余,不再迷茫。所以,面对复杂的问题时,首先要自我反思:我要什么,我愿意放弃什么?如果这一条不搞清楚,也就谈不上怎么取舍了。

- 关注主要问题，做好备用计划

在运用简化思维时，需要关注主要问题，同时做好备用计划。这与我们的人生计划类似，即永远要有预案。

当我们运用简化思维去处理事务时，这意味着要从众多复杂的因素中筛选出主要问题，并优先将精力和资源投入其中。然而，事物充满了不确定性，即便我们已经明确了主要问题并全力以赴，也可能会遇到各种意外情况和挑战。这时，事先准备好的备用方案就显得尤为重要。

- 适时摒弃和剥除

有一个哲学术语，叫"奥卡姆剃刀"。简单概括就是："如无必要，勿增实体。"换个角度理解这句话，就是：如有必要，可"删减"实体。简化的核心部分正是基于此展开的。毕竟，人的大脑更擅长处理单一且相对简单的事物。

- 学会分解

通过将复杂的整体拆解为相对简单的子部分，我们能够更清晰地看到每个子系统的结构、功能和运作方式。如果你觉得一个事物极为复杂，难以厘清头绪，这往往意味着还没有进行彻底的分解。

运用简化思维，就如同拥有一把锐利的剑，能斩断杂乱无章的信息，让我们在生活和工作中更加高效、清晰地思考与行动。无论是解决难题还是做出决策，简化思维都能让我们更准确地把握关键，避免陷入混乱与迷茫，从而更好地应对各种挑战。

3. 学会"慢思考"：在信息超载的时代抓住关键

我们每时每刻都被海量的数据和信息所包围，快速消费、即时反应似乎成为常态。在这样的背景下，"慢思考"有助于我们更加理性地评估各种可能性，减少决策中的偏见和错误。

那什么是"慢思考"呢？"慢思考"这一概念源于诺贝尔经济学奖获得者丹尼尔·卡尼曼在其著作《思考，快与慢》中提出的双系统理论。在该理论框架下，人类的思维活动被分为两大系统：系统1和系统2。"慢思考"对应的是系统2。

卡尼曼的这一理论建立在大量心理学和行为经济学研究之上，这些研究表明人类的判断和决策并非总是理性和最优的，而是常常受到心理捷径（启发法）和偏见的影响。当系统1在某些情境下可能引发错误判断或偏见时，系统2便会发挥关键作用，即通过"慢思考"来减少非理性行为。

这里的"慢"，并不意味着迟钝或低效。相反，它是一种深入、细致、全面的思考方式。通过"慢思考"，可以直达事物的底层逻辑，在复杂环境中精准把握关键信息。因此，它也是一种提升个人认知能力的重要方法。关于这一点，我们也可以从先人的智慧中汲取灵感。

在春秋时期，孔子有一位得意门生叫颜回，他以深厚的学识和品德著称。在求知的道路上，颜回不急不躁，习惯在沉静与宁和中思考。

有一次，孔子与弟子们讨论"仁"的问题。其他弟子都争相发言，阐述自己对"仁"的理解，唯独颜回一直沉默不语。于是，孔子问颜回："你为什么不说话呢？"

颜回恭敬地回答："夫子，弟子正在思考。"

孔子好奇地问："那你是否有了些许心得？"

颜回说："夫子，弟子认为，'仁'乃是一种内在的品德，它不仅体现在言语上，更体现在行动上。要做到真正的'仁'，我们需要在日常生活中时刻保持谦逊、诚信、友善等品质，而非仅仅空谈。"

孔子听后，对颜回的见解大加赞赏，并告诉其他弟子："颜回的思考深入透彻，不盲目从众，能够深入问题的本质。你们应该向他学习。"

颜回的深思熟虑使他能够更全面地理解"仁"的内涵。他不仅将"仁"视为一种言语上的表达，更将其视为一种需要在日常生活中践行的内在品德。虽然直接的历史记录可能没有明确标注"慢思考"的标签，但许多古代哲人和学者的生活方式与决策过程都体现了这一思维方式。

在追求快速答案和即时成果的今天，"慢思考"也是一种不可或缺的方法论。它鼓励我们深入探究、谨慎求证，避免因盲目追求速度而导致的浅尝辄止。关于"慢思考"的方法有很多，整体来说，需要把握好三个原则。

- 定期"数字排毒"

认知负荷理论认为，人类的认知资源是有限的，持续的信息接收会加重认知负荷，导致疲劳和效率降低。定期远离数字设备可以减轻这种负荷，提高思考的效率和解决问题的能力。

在日常生活中，有意识地设定时段，彻底断开与电子设备和网络的连接，为大脑和心灵创造一个宁静的"避风港"。这一做法不仅可减轻因持续信息过载导致的压力和焦虑，还能够促进深度思考，提升创造力。

- 培养专注力

心理学家普遍认为，人类的注意力资源是有限的。这一观点最早由美国心理学家威廉·詹姆斯提出。1956年，乔治·米勒在论文《神奇的数字7±2：我们信息加工能力的局限》中指出，人类短期记忆能处理的信息块为5至9个，超出此范围，记忆效率会显著下降，除非将信息组合成更大的单元。因此，高效利用注意力资源的关键在于聚焦核心事项并减少干扰，如设定专注时段、进行短暂休息、进行正念冥想、清晰设定目标并找到内在动力等。

- 避免锚定效应

锚定效应是一种认知偏差，即人们在进行判断或决策时，过分倾向于将最初接收到的信息（或"锚点"）作为参照。即使后来获得的信息可能与之矛盾，这个初始锚点仍然会对最终判断产生重要的影响。

避免锚定效应的关键在于理性思考，比如深入分析数据背后的逻辑、来源及其可能存在的偏差；进行不同的假设和反事实推理；定期回顾决策效果，根据新出现的信息和反馈调整策略；等等。

学会"慢思考"，是在信息超载时代保持清醒认知、做出精准决策的关键。通过这些策略，我们不仅能在信息的海洋中找到方向，更能提升看问题的精度与深度。所以，在快节奏的生活中要学会放慢脚步，甚至按下暂停键，沉心静气，拒绝被瞬息万变的表层信息所裹挟。如此，才能在智识的旅途上行稳致远。

第一章 升级认知，直抵思考的底层逻辑

4. 认识"幸存者偏差"，避免片面化思考

幸存者偏差，这个词语听起来可能有些陌生，但却是我们在日常生活中经常遇到的认知陷阱，会影响我们对事物底层逻辑的判断。

它是一种典型的逻辑谬误，即人们在进行逻辑思考时，依据的是某种筛选后的结果。由于无法全面了解筛选的过程和被忽略的结果，就会导致对整体情况的误判。这种误判不仅会扭曲人们对世界的认知，还会深刻影响人们思考问题和做出决策的基本方式。

"幸存者偏差"源于第二次世界大战期间的一项统计研究。当时，美国哥伦比亚大学的统计学教授亚伯拉罕·瓦尔德接受了军方的委托，研究一个与轰炸机防护有关的课题。

瓦尔德的团队对从战场返航的轰炸机进行了研究，他们惊讶地发现，这些轰炸机机翼上的弹孔数目远远多于机尾。团队成员普遍认为应当加强对机翼的防护，可瓦尔德却提出了反对意见，他是这样说的："机翼上的弹孔数目虽然很多，但轰炸机仍能返航，这说明机翼并不是最致命的位置；而机尾的弹孔数目少，很可能是因为轰炸机被击中机尾后无法返航，也就无法被纳入统计范围。所以单纯根据弹孔数目来做决策是不科学的！"

瓦尔德进行了一系列测算和比对，提出了一个最佳防护方案——强化发动机，以提升轰炸机的机动应变能力，从而达到躲避射击的目的。军方最终采纳了瓦尔德的建议，在实战中，他们发现这一决策是完全正确的。

这个案例很好地反映了"幸存者偏差"的问题——大多数人只针对幸存下来的飞机进行思考，得出的结论必然是片面的，无法反映问题的本质；而瓦尔德却考虑到了那些没能幸存下来的飞机，从而能够捕捉到真正的底层逻辑。

"幸存者偏差"在各个领域都有广泛的影响。比如在投资领域，许多投资者只看到那些成功的投资案例。再如，在职场中，人们往往更关注那些学历一般，但事业有成的人，甚至会就此得出"读书无用"的结论。一个人一旦陷入了"幸存者偏差"式的思维模式，就很容易忽视自身的成长和进步。

想要避免"幸存者偏差"的影响，需要从以下几个方面入手。

- 避免犯"选择偏倚"的错误

"选择偏倚"是一个统计学术语，指的是在统计时忽略样本的随机性和全面性，仅用局部样本的特性来代替总体样本的特性。比如，一位统计学家收集了医院里的患者数据，发现糖尿病患者很少患有胆囊炎，而非糖尿病患者却多患有胆囊炎，这似乎表明糖尿病对胆囊炎起到了预防作用。

然而，这个结论的依据是局部样本，即在医院中的这一小部分患者，而大量未入院的患者并未进入统计样本。因此，这个结论属于"幸存者偏差"，没有任何参考意义。

- 避免出现"确认偏误"

"确认偏误"是一种社会心理学现象，指人们更容易关注、记住和相信对自己有利的信息或细节，同时忽略那些对自己不利的内容。比如，当股市被"持续上涨"的信念主宰时，普通投资者往往对有利的信息特别敏感，并产生盲目乐观情绪，从而做出一味"追涨"的错误决策。相反，当市场弥漫着"持续下跌"的恐慌氛围时，普通投资者又只看到各种不利信息，从而做出一味"杀跌"的错误决策。

- 避免沉溺于"信息茧房"

"信息茧房"一词指在"偏好"的引导下,人们只能接收到一定范围内的信息,从而逐渐陷入像蚕茧一般的"茧房"现象。如今,在大数据的引导下,各类平台早已掌握了我们的偏好,进而不断"投喂"符合我们喜好的信息,使我们看到的大多为同质化的内容,或是自己能够认同的观点,却对其他领域的信息了解较少。

总之,"幸存者偏差"是一个值得我们警惕的现象。通过深入了解其内涵和影响,并结合有意识的思考锻炼,我们可以逐渐打破片面思考的陷阱,培养更全面、更深入的思考方式。只有这样,我们才能更好地认识这个世界的底层逻辑,从而做出更明智的决策。

5. 别让固定思维把你引进"死胡同"

在现实生活中，我们常常会陷入一种思维惯性——被既定的观念和认知所束缚。这种现象被称为"固定思维"。它就像一条看似熟悉却充满限制的小路，不经意间将我们引入思维的死胡同。

固定思维，又称僵化思维，是指个体倾向于用一种固定的、不变的视角看待事物，拒绝接受新信息或改变原有看法，只能看见符合既有认知框架的世界，对其他可能性视而不见。

很多时候，我们觉得问题之所以难以解决，主要是因为我们的固定思维把我们引入了"死胡同"。如果能够打破常规，换一种思维方式去看待这些问题，或许就能找到简单而有效的解决方案。

在北宋初期，南唐的徐铉以博学多才而闻名。当南唐派他前往大宋进贡时，宋朝的官员因自知学识不如他，无人敢出面陪同。

按照常规思维定势，宋太祖应该找一个学识渊博的人与徐铉进行学术交流，以确保大宋的颜面，或者直接以高规格的礼仪接待，避免直接的学识比拼。然而，他并没有这么做，而是选择了一个不识字的侍卫来陪同徐铉。这出乎所有人的意料。

徐铉原本期望通过学识来压倒对方，但面对这位不识字、一言不发的侍卫时，自己的博学多才却无法施展，最终只能乖乖地随侍卫来到京城。

宋太祖以愚困智的策略，可以说是对固定思维的一种巧妙颠覆。同样的道理。在职场中，那些固守旧有工作模式和方法的人，往往难以适应快速变化的工作环境，甚至可能因此失去竞争优势。所以，在面对问题时，要学会不断调整和优化自己的思维模式。

- 承认并识别固定思维

如果一个人不能清晰地认识到自己的思维模式，便无法有效地调整它，更无法改变由此产生的情绪反应和行为选择。

那如何认清自己的思维模式呢？可以采用三种策略：一是写日记。定期记录自己面对挑战时的反应，特别是那些引起防御或逃避的情况，分析背后的想法，是否有固定思维的影子。二是正面肯定。用积极的话语替换自我否定的想法，如将"我不擅长这个"转变为"我现在可能还不熟练，但通过练习我可以变得更好"。三是寻求反馈。主动向信任的朋友、同事等寻求建设性反馈，了解他人是如何看待你的行为和思维方式的。

- 培养成长心态

培养成长心态是个体适应快速变化的世界，并实现认知升级的关键。这一理念源于心理学家卡罗尔·德韦克的成长型思维理论，该理论强调个体能力并非固定不变，而是可以通过学习和努力得到发展。

与此同时，神经科学的研究也揭示了大脑的高度可塑性，即大脑的结构和功能可以随着我们的学习和实践而发生改变。这一重要发现印证了成长型思维的科学性，让我们坚信：只要付出努力，保持成长的心态，每个人都有可能实现自我认知的超越和技能水平的提升。

- 多角度思考问题

多角度思考问题，也被称为"视角转换"或"多元化思维"。它鼓励个体超越自身的经验局限，尝试从不同的角度审视同一问题。

为了锻炼多角度思考问题的能力，我们可以采用以下方法：扮演不同的角色，如客户、竞争对手、政策制定者等，模拟他们的需求、动机和限制条件；使用开放式问题，而非封闭式问题来探究，例如要用"我们还能如何改进"，而不是"我们应该这样做吗"；从问题的反面或对立面思考，比如询问"如果我们想达到相反的效果，会怎么做"，这种方式可以帮助我们揭示隐藏的假设和偏见，发现新的路径。

- 挑战现有假设

在尊重事实的基础上，我们应对固守的一些观念、规则和传统方法提出合理质疑，思考它们是否依然适用。在这一过程中，需要遵循基本的逻辑推理，验证先前的一些假设，并寻找更有效的替代方案。

比如，长期以来，人们接受了一个假设：白炽灯虽然能耗较高，但价格便宜，更换方便，具有性价比。然而，一些环保倡导者和科学家质疑：经常使用高能耗的白炽灯真的划算吗？通过计算白炽灯在一个生命周期内的能耗和环境影响，他们发现，虽然购买成本低，但其能耗大，寿命短，长期使用并不经济。因此，LED灯凭借其寿命长、节能、环保等特点逐渐成为替代方案。

固定思维如同一道隐形的墙，将我们困在狭小的认知空间里。然而，思维的疆域并非一成不变。通过承认并识别固定思维、培养成长心态、多角度思考问题、挑战现有假设等方法，我们完全有能力拆除这堵墙，让思想自由飞翔。

6. 排除异常情况，寻找共性和规律

事物之间虽然存在差异，但总有其共同点，这就是"共性"。找到事物之间的共性，就能抓住事物发展的关键因素，从而更好地理解和掌握事物的发展规律。然而，我们常常被一些"特殊情况"所干扰，忽略了事物的本质及其背后的运作逻辑。

比如，在投资领域，我们可能会被一些短期内暴涨的股票所吸引，而忽略了其背后的风险因素，最终导致亏损。这是因为我们被"特殊情况"所迷惑，忽略了投资的长期规律，即投资应以价值为基础，注重企业的盈利能力和长期发展前景。

排除异常情况，寻找共性和规律，是科学研究、数据分析以及日常决策中常用的一种方法。这种方法帮助我们从杂乱无章的数据或现象中提炼出普遍适用的原则或模式。

北宋科学家沈括的《梦溪笔谈》是一部包罗万象的笔记体著作，涵盖了天文、地理、物理、生物、军事、历史等多个领域，其中对气象变化的观察和分析尤为经典。他通过多年数据的积累和对比，总结出气象变化的周期性规律，为后世留下了宝贵的科学遗产。

书中记载了沈括对天体的观察和分析，包括彗星、流星、日食、月食等现象。其中，他对彗星的观察尤为细致，记录了彗星的形状、颜色、运行轨迹，并对其成因进行了初步的推测。这在当时的天文观测中已经较为

先进。

同时，书中也记录了沈括对各种自然现象的观察和分析，包括降雨量、气温变化、风向和风力等。沈括在《梦溪笔谈》中详细记录了不同年份的降雨量，并通过对比发现降雨量存在周期性的变化规律。他还记录了不同地区的降雨量差异，并分析了地形对气候因素的影响。此外，他还记录了气温的变化，并根据气温的变化推测农作物的收成。

沈括通过对多年数据的积累和对比，排除了极端天气的干扰，总结出了气候变化的周期性规律，这在当时是一个突破性的认识。尽管沈括在气象研究方面存在一定的局限性，但他在《梦溪笔谈》中记录的气象变化和分析，为后世气象学研究提供了宝贵的资料。

排除异常情况，寻找共性和规律的过程，实质上是在运用统计学和归纳法。统计学通过收集和分析数据，帮助我们识别模式，区分正常值与异常值；而归纳法则是一种从具体事实中抽离出一般原则的推理方式。这两者结合，使我们能在杂乱无章的数据中提炼出有价值的信息。

在实践中，要如何正确把握这两种方法呢？关键在于以下四个步骤。

- 数据清洗

剔除那些由测量误差、录入错误或其他非正常因素引起的异常数据点。以电商平台销售数据为例，假设某商品在一小时内突然出现数千笔交易，这显然超出了正常购买行为的范畴，很可能是由系统故障或恶意刷单造成的。此时，通过设定合理的阈值，将这些异常值标记并剔除，确保后续分析基于准确、可靠的数据。

- 趋势分析

利用图表工具，如折线图、散点图等，可以直观地呈现数据随时间或变量变化的趋势。比如，在分析某地区的气温数据时，通过绘制折线图，可以清晰地看到季节性变化和异常天气事件。这一步骤能帮助我们识别数据中的主要模式，为后续的深入分析奠定基础。

- 异常值检测

在趋势分析的基础上，采用统计学方法如标准差、箱型图等，对数据进行定量分析，以识别和量化那些显著偏离平均水平的数据点。比如，在研究消费者满意度调查结果时，如果某一问卷的回答得分远高于或低于其他样本，则表明受访者可能误解了问题或存在偏见。通过设定标准差的倍数作为异常值界限，可以有效地过滤掉这些数据，避免对总体趋势的错误解读。

- 归纳总结

在排除异常情况后，通过对剩余数据的深入分析，归纳总结出数据的共性和规律。以股票市场为例，通过对历史股价、成交量、宏观经济指标等数据的综合分析，可以提炼出影响股票价格变动的主要因素和模式。这一步骤要求我们运用专业知识和逻辑推理，形成对事物本质的深刻理解，为未来的预测和决策提供依据。

需要注意的是，在排除异常情况的过程中，应确保不会因为错误地认定某数据为异常而丢失重要信息。此外，即使找到了共性和规律，也不意味着它们在所有情况下都适用，因此在应用时还需考虑具体情境和条件。

7. 学一学"大胆假设，小心求证"

自古以来，人类就对未知的世界充满好奇。从最初对大自然的探索到如今对宇宙奥秘的追问，人类一直在不懈地超越认知的边界。在这条无尽的探索之路上，"大胆假设，小心求证"不仅是科学研究的金科玉律，也逐渐成为我们日常生活中解决问题的重要方法论。

我国古代伟大的科学家和发明家祖冲之，在研究天文学时大胆假设了日食的原因，并通过小心求证和实验，证明了自己的假设。

当牛顿看到苹果落地时，他没有满足于常识性的解释，而是大胆假设这背后存在着一种普遍的吸引力。经过长时间的观察和推导，他小心求证，最终发现了万有引力定律，彻底改变了人类对宇宙的理解。

在医学史上，巴斯德大胆假设微生物是疾病的病原体，从而颠覆了当时流行的"瘴气说"。他通过一系列严谨的实验，最终证明了自己的假设，开创了细菌学的新纪元，彻底改变了人类对疾病的理解。

古希腊哲学家亚里士多德曾提出地球是宇宙的中心，这一观点在当时被广泛接受，并持续了近两千年。然而，随着天文观测技术的进步，哥白尼大胆地提出了"日心说"，并用大量观测数据和逻辑推论来证明自己的观点。他的"小心求证"最终推翻了亚里士多德等人的理论，将人类的认知推向了新的高度。

在人类历史上，这样的例子数不胜数。"大胆假设"意味着要敢于突破思维定势，跳出固有框架，提出新的见解和观点。"小心求证"要求我们收集证据、进行分析，并用逻辑推理来验证假设的合理性。

在现实生活与工作中，运用"大胆假设，小心求证"这一方法论时，需要注意以下几点。

- 假设不等于凭空想象

大胆假设并非毫无根据的臆想，而是要立足于已有的知识体系与实践经验。这就像在肥沃的土地上播种，种子才有可能茁壮成长。假设应基于对过往数据的深入分析、对行业趋势的敏锐洞察以及对专业领域的深刻理解。唯有如此，设想才能既富有创新性，又不失根基的稳固，为后续的求证过程提供坚实的基础。

- 求证要采用科学的方法

在求证阶段，务必采用严谨的科学方法，以事实为依据，让数据说话。要设计周密的实验，搜集翔实的证据，运用统计学工具进行分析，确保每一环节都经得起考验。同时，应努力排除个人偏见与主观情绪的干扰，保持客观公正的态度，让真理在纯净的实验环境中自然显露。如此一来，求证方能得出可靠的结论。

- 保持开放的心态

即使自己的假设在一轮轮求证后得到了强有力的支持，也绝不能因此而沾沾自喜。学习与成长是相伴的，是我们一生的追求。即使我们今天认为是正确的事，明天也可能被新的证据所推翻。

20世纪初，经典物理学的理论框架开始显示出其局限性，无法解释原子尺度下物质表现出的奇异性质。面对这一科学难题，丹麦物理学家尼尔斯·玻尔和他的同事们展现出了非凡的开放心态。他们自我否定，勇敢地提出了新的假设：原子中的电子并不是连续地围绕原子核旋转，而是只能存在于特定的能量水平上。这一假设彻底颠覆了当时人们对原子结构的理解。通过与阿尔伯特·爱因斯坦等人的激烈辩论，以及对光电效应、双缝实验等一系列关键实验的深入分析，量子力学的理论逐渐得到了验证和完善。

"大胆假设，小心求证"不仅是科学家的工作方式，也是我们认识世界、研究问题的有效方法。它鼓励我们积极思考、勇于探索，并用科学的方法和严谨的态度来验证自己的想法。在学习和生活中，我们应该不断运用这种思维方式，不断提升自己的认知能力，在不确定中寻找确定。

8. 批判性思维：学会提问和质疑

从古至今，伟大的思想家和科学家无一不是提问和质疑的高手。牛顿对苹果落地的疑问，开启了万有引力定律的发现之旅；爱因斯坦对传统物理学的质疑，推动了相对论的诞生。他们的成就并非偶然，而是源于对周围世界的敏锐观察和深刻思考，勇于提出问题、挑战既有观念的结果。

通过不断地提问"为什么"，我们能够深入事物的本质，挖掘出隐藏在表面之下的真相。比如，当我们面对一个新的理论或观点时，如果只是盲目接受，而不去思考其合理性和局限性，那么我们很可能会陷入认知的陷阱。

然而，如果我们能够质疑：这个理论的依据是什么？有哪些证据支持？是否存在反例？我们就能更加全面、客观地理解和评估它，从而形成自己的独特见解，或者找到事情的真相。

吴国的句章县发生了一起案件，有个妻子谋杀了自己的丈夫，为了掩盖罪行，她放火烧毁了房屋，并对外宣称丈夫是被火烧死的。然而，由于夫妻二人关系一直紧张，丈夫的亲属对她的说辞十分怀疑，认为是她杀夫后烧尸灭迹，于是到当地衙门告发。

句章县令张举受理案件后，并没有轻信妻子的一面之词。他深知不能仅依据表面现象就判定案件，于是质疑道："如何能确定死者是生前被火烧死，还是死后被焚尸呢？"

　　为了找到答案，张举进行了一个实验。他命人找来两头猪，一头事先杀死，另一头保持活着的状态，然后将它们一同放入柴堆中焚烧。火熄灭后，众人对两头猪进行检验。结果发现，先杀死的猪嘴里没有烟灰，而活活烧死的猪嘴里有烟灰。

　　随后，张举对尸体进行检验，发现其嘴里确实没有烟灰，这就表明死者是死了以后才遭到火烧的。面对铁证，妻子无法再狡辩，最终承认了自己谋杀丈夫的罪行。

　　在这起案件中，县令张举没有因循守旧，而是主动提出问题、验证问题，这种批判性思维的运用，让他拨开重重迷雾，成功侦破案件，还死者一个公道。

　　在我们面对各种复杂问题和繁杂信息时，也应具备批判性思维，不盲目接受既有观点，通过提问、质疑与实践去探寻事物的本质，如此才能做出更准确的判断和决策。

- 敢于突破固有思维框架

　　在前行的路上，每个人都携带着一套独特的思维框架，这既是导航灯塔，也是隐形的边界。这个思维框架，是长期以来形成的固定观念、习惯和认知模式，它指导着我们的决策，影响着我们对世界的理解和反应。然而，当这些框架变得过于僵化时，它们就不再是助力，而像是一个牢笼，将我们的思想禁锢其中——我们在熟悉的轨道上行走，遵循着既定的规则，不敢越雷池一步。

　　要打破固有的认知框架，必须敢于质疑，敢于挑战权威，这样才能找到更深层次的答案。例如，哥白尼的"日心说"便是对"地心说"的质疑，最终推动了天文学的巨大进步。正如古罗马哲学家塞涅卡所说："怀疑一切，才能得到真理。"

- 挖掘问题背后的问题

很多人都有这样的经历：有些问题总是反复出现，无论怎么努力都无法彻底解决。究其原因，是因为没有触及问题的根源，只在表面上修修补补，就像给生病的大树只修剪枝叶，却不去治疗深埋在土壤里的病根，问题永远都不会解决。在面对生活、工作或社会中的问题时，一定要超越表面现象，去探索问题背后的深层次原因。这样，才能从根本上解决问题，避免同样的问题再次发生。

- 不要盲目跟随直觉

我们的身体比大脑更擅长做出反应。为什么呢？原因很简单，例如，听到动情的音乐，你可能会感动；品尝到某种美食，你会胃口大开；看到不喜欢的人，你会下意识地回避……你做出的这些"动作"，似乎不需要经过大脑决策，而像是一种"本能"的反应。这种"本能"可能受到偏见、情绪或不完整信息的影响。

特别是在做决策时，我们不能盲目相信直觉，而需要进行深入的逻辑思考和事实核查。例如，在面对一个投资机会时，不仅要问自己对这个机会的直觉感受是什么，还要研究市场趋势、公司财务状况以及潜在的风险因素。

在现实中，当我们学会用提问和质疑来思考时，就如同给自己戴上了一副能看穿迷雾的眼镜。找工作时，多问、多质疑，就能避开那些不靠谱的"坑"；购物消费时，通过提问和质疑，能让每一分钱都花得值；学习新知识时，运用这个技能，能让我们学得又快又好，真正把知识变成自己的本事。毫不夸张地说，学会提问与质疑，会让你的头脑更强大，生活更美好。

9. 着眼于全局，用系统思维看得更高、更远

人生如棋局，步步惊心，却又充满无限可能。想要走好每一步，不仅需要敏锐的洞察力，更需要一种能够洞悉全局、将所有要素串联起来的思维方式——系统思维。

那什么是系统思维呢？系统思维是一种看待世界的方式，它强调事物之间的相互联系和相互依赖。与线性思维不同，系统思维要求我们从整体出发，考虑各种因素如何相互作用，形成一个动态平衡的系统。就像拼图一样，每一个碎片都有其独特的位置和价值，只有将它们拼在一起，才能看到完整的画面。

这种思维模式能够帮助我们更好地理解复杂问题，并找到解决问题的最佳方案。无论是现代还是古代，系统思维都是解决复杂问题的有效工具。

在古罗马，奥古斯都大帝是一位将系统思维运用得炉火纯青的政治家。在他统治时期，罗马帝国面临着前所未有的挑战：庞大的疆域需要高效管理，多元的文化需要平衡协调，来自内部和外部的威胁需要有效应对。面对这些复杂问题，奥古斯都并没有采取简单粗暴的压制手段，而是运用了系统思维，将整个帝国看作一个有机体，各个部分相互关联，共同作用。

首先，他注重制度建设，建立了完善的行政体系，将帝国划分为不同的行政区域，并委派相应的官员负责管理。这种分层管理模式有效提高了

行政效率，避免了过度集权带来的弊端，同时也促进了不同区域的交流与合作。

其次，奥古斯都重视文化融合，积极推行罗马文化，同时也尊重地方文化。这种包容的政策有效地减少了帝国内部的矛盾，为罗马帝国的稳定发展奠定了基础。

最后，他将军事力量与外交手段相结合，既能维护帝国安全，又能发展与周边国家的友好关系。他通过军事行动巩固了罗马帝国的统治地位，同时注重与周边民族建立外交关系，避免了战争带来的破坏。

奥古斯都的系统思维体现在他对帝国发展的全面考虑。他将政治、经济、文化、军事等因素有机地结合起来，并在此基础上制定了相应的政策，最终将罗马帝国推向了鼎盛时期。

在现实生活中，这种思维模式同样有着重要的应用。比如，在筹备一场婚礼时，需要运用系统思维来统筹规划。从确定婚礼日期、地点、预算开始，到邀请嘉宾、安排婚礼流程、布置场地，再到选择婚宴菜品、预订婚车、确定婚礼摄影摄像团队，以及考虑婚礼当天的天气等，每个环节都相互关联、相互影响。

如果没有系统思维，只关注某一方面，比如只注重场地的美观而忽略预算的限制，或者只忙着邀请嘉宾却没有安排好合理的接待流程，都可能导致婚礼筹备过程混乱不堪，甚至影响婚礼的顺利进行。

那么，我们应当如何运用系统思维来解决生活和工作中的问题呢？

- 拥有全局视角

从多个维度看问题，意味着要打破单一视角的局限，以更全面、更深入的思考方式去分析事物的本质。比如，在评估一项决策的效果时，仅仅从经济指标角度出发可能会得出片面的结论。如果能从社会、文化、环境等多个维度进行考察，就能更全面地理解政策的影响，避免陷入"只见树木,不见森林"的误区。

- 摒弃二元思维

很多时候,事情并非只有绝对的对与错、好与坏两种极端,而是存在着丰富的中间地带和多种可能性。比如,在人际关系中,朋友之间产生矛盾冲突时,不能立刻断定一方是完全正确,另一方是完全错误。也许双方都有各自的立场和考量,需要综合多方因素去理解彼此的观点和行为,在不同的立场和背景下去思考问题的根源,才能更好地解决矛盾,增进彼此的理解和信任。在这些问题上,只有摒弃非黑即白的二元思维,才能以更加全面、客观、理性的方式去分析问题、解决问题,做出更加准确和明智的判断。

- 动态地思考问题

这种思维方式超越了静态的、孤立的视角,转而拥抱一个不断演进的视角,认识到事物和情境随时间的发展而变化的本质。比如,当你决定开始一项健身计划时,动态思考不仅意味着要考虑短期内的体重或体能目标,还要思考如何维持长期的生活方式的改变,包括饮食习惯、锻炼规律和心理健康。随着时间的推移,你的身体状况和环境因素会发生变化,因此计划也需要适时调整。

系统思维是一种强大的工具,它可以帮助我们跳出局部,拥有更高、更远的视野,从而做出更明智的决策,最终获得更大的成功。只要我们不断学习和实践,相信每个人都能拥有这种宝贵的思维方式,并将其应用于人生的各个领域,创造更加美好的未来。

10. 探索性思考：从未知开始，逐步接近真相

当我们呱呱坠地时，世界对我们来说是一张空白的画卷，等待着我们用探索的笔触去描绘。认知便是在这无尽的未知中一步步探寻真相的过程，而探索性思考恰是我们手中那支神奇的画笔。

探索性思考，简言之，就是在面对未知或复杂问题时，不急于下结论，而是保持开放的心态，主动搜集信息，尝试多种可能性，逐步逼近问题的本质。这就像一场寻宝游戏，每一步探索都可能带来新的发现，使真相逐渐清晰。

古希腊哲学家苏格拉底曾说："我唯一知道的就是我一无所知。"这句看似矛盾的话语，却揭示了认知的本质。承认无知，是探索的起点。正如一位登山者只有承认自己未登顶，才能怀着敬畏和勇气，一步步攀登。

在探索的过程中，我们常常会遇到各种各样的迷思和困惑。就像古人面对浩瀚星空，心中充满了对宇宙起源的疑问。正是这种对未知的渴望，推动着人们不断探索，最终将神话故事转化为科学理论，将神秘的星空变成了可观测的宇宙。

当然了，探索性思考并非仅仅是对未知的被动接受，而是主动的探索和求证。它需要我们运用各种方法，从不同角度去观察和分析问题。

- 保持好奇心

对周围的世界保持好奇，敢于提出问题，是探索性思考的第一步。当我们呱呱坠地，第一次睁开双眼打量这个世界时，好奇心便已在我们心中

悄然萌芽。从那时起，我们对身边的一切都充满了疑问：为什么天空是蓝色的？为什么鸟儿会飞翔？为什么花儿会开放？正是这份好奇心，驱使着我们不断前进，不断探索。

在生活中，当我们对周围的世界习以为常，不再有疑问，不再有探索的欲望时，我们也就失去了与世界连接的纽带，失去了发现美好和创造奇迹的机会。因此，我们要像孩子一样，用一颗纯真的心去拥抱这个多彩的世界。你所提出的问题，不仅是对世界的质询，更是对自己潜能的挖掘。

- 运用类比与联想

类比是探索的桥梁。它将已知的事物与未知的事物联系起来，帮助我们理解复杂的概念。比如，爱因斯坦用电梯来类比引力的作用，使人们更容易理解相对论。联想则让我们将不同的知识点串联起来，形成新的见解。比如，达·芬奇将人体结构与机械原理相结合，创造了精妙的机械装置。

- 学会实验与验证

实验是探索的方式。它通过可控的条件，观察现象，验证假设，最终得出结论。比如，伽利略在研究自由落体运动时，通过在比萨斜塔上进行"小球落体"实验，推翻了亚里士多德长期以来"重物比轻物下落快"的错误观点。

验证是探索之旅的指南针。它让我们的假设和猜想接受现实的考验，通过反复的求证和检验，去伪存真，不断接近真理的内核。比如，当我们想要知道某种减肥方法是否有效时，会在一段时间内按照该方法的要求去执行，观察体重、体脂率等指标的变化来验证其效果。

探索性思考不仅是科学研究的方法，更是每个人生活中必不可少的思维方式。无论是阅读一本书、学习一门新技能，还是解决生活中的难题、规划一次旅行，探索性思考都能让我们以全新的视角去审视、去理解、去行动。每一次新的发现，每一个问题的解决，每一次思维的突破，都像是一级级台阶，助力我们不断向上攀登，不断进步，不断成长。

第二章

透视内心，突破自我的底层逻辑

11. 打破桎梏，全面而真实地定义"自我"

每个人的人生都是独一无二的，定义"自我"的道路也各不相同。重要的是，我们要不断地审视内心，勇敢地打破各种桎梏与束缚，接纳真实的自己。当我们真正认识、觉察并接纳自己后，才能活出真正的自我，拥有幸福而充实的人生。

在科学史上，玛丽·居里是一位传奇人物。她不仅是放射化学领域的先驱，也是第一位获得诺贝尔奖的女性，更是唯一一位在两个不同科学领域（物理学和化学）获得诺贝尔奖的人。

玛丽·居里出生于1867年的波兰，当时波兰正处于沙俄的统治之下，女性接受高等教育的机会极其有限。然而，她对科学的热爱和追求并未因此受阻。面对重重困难，玛丽·居里移居法国，进入巴黎大学深造，这是她突破性别和社会限制，追求科学梦想的第一步。

在巴黎，玛丽·居里不仅要克服语言障碍，还要应对作为女性科学家的社会偏见。她与丈夫皮埃尔·居里共同工作，致力于研究放射性元素。他们的研究不仅开创了放射化学这一新领域，也为医学、物理学等多个学科带来了革命性的进展。

玛丽·居里在科学上的成就打破了当时社会对女性角色的传统认知。她不仅证明了女性在科学领域同样能够取得卓越成就，更重要的是，她通过自己的行动重新定义了"自我"，展现了女性科学家的独立、坚韧和创新精神。

玛丽·居里的一生，是对"自我定义"概念的有力诠释。她没有被社会的期待和限制所束缚，而是选择了追随内心的激情和使命，勇敢地追求科学真理。她的故事激励了无数人，尤其是女性，去挑战现状，追求个人的梦想和目标，无论这些梦想多么与众不同或难以实现。

"自我"并非一个静态的实体，而是一个不断构建和重构的过程。它受到社会文化、个人经历、内在认知等因素的影响。那么，我们该如何打破束缚，找到真实的自我呢？可以从以下三个方面入手。

- 正确认识自我

我们需要明确自己究竟是谁，了解自己渴望得到什么，以及秉持的价值观。为此，应当进行深刻的自我反省，深入探寻自己的内心世界，清晰认知自己的长处与短处，精准把握自己的兴趣与目标。

与此同时，还需对自己的行为模式、情绪反应以及思维习惯保持敏锐的觉察。借助观察与记录的方式，我们能够分辨出哪些行为是受到社会规范与个人经验的影响，又有哪些行为是源自内心最真实的自我。

- 全然接纳自我

全然接纳自我，意味着接纳我们所有的面貌，无论是光鲜亮丽的优点，还是那些被视为不足的缺点。每个人都有独一无二的个性和特质，这些特质构成了我们完整的自我，其中也包含一些我们可能并不那么满意的地方。比如，我们可能拥有出色的口才，却同时缺乏耐心；或许我们拥有丰富的知识，却也容易缺乏自信。这些看似矛盾的特质，实际上都是我们的一部分，它们共同组成了真实的我们。

- 学会设定界限

许多人身处困境，并非因为缺乏能力，而是因为缺乏对自身需求的坚守。他们被各种"应该"和"必须"所束缚，被外界的噪声所淹没，无法聆听自己内心真正的渴望。设定界限，就是从他人的期待中解放自我，重新找回对人生的掌控权。这意味着我们能够勇敢地说"不"，拒绝那些不符合自身价值观或超出自身能力范围的要求，从而将有限的时间和精力投入到更重要的事情上。

当然，设定界限并非意味着拒绝一切人际交往，而是以一种更加积极、健康的姿态与他人相处。这意味着我们要学会沟通，用清晰的语言表达自己的想法和感受，让对方明白我们的界限所在。同时，也意味着我们要尊重他人的界限，理解每个人都有自己的生活方式和需求。

人生是一场漫长的旅程，定义"自我"是一个持续不断的过程。我们要不断学习、成长，突破自身的局限，在探索和反思中找到属于自己的答案，从而活出最真实、最完整的自我。

12. 避开消极的自我暗示，别总说"我不行"

自我暗示，通俗地说，就是通过使用一些潜意识能够理解和接受的语言或行为，帮助个体达成愿望或启动行为。心理学研究表明，认知会影响行为。

当一个人面对挑战时，如果总是以"我不行"作为自我暗示，那么这种心理预设就会成为自我实现的预言，导致个体在实际行动中缺乏信心和动力，最终可能真的无法实现目标。从心理学角度来看，消极的自我暗示会触发负面的情绪反应，如焦虑、沮丧等，这些情绪会进一步削弱个体的行动力。相反，积极的自我暗示能够激发正面情绪，提升我们的自信心和行动力，从而增加成功的可能性。

第二次世界大战期间，在硝烟弥漫的战场上，许多受伤的士兵被紧急送往战地医院。当时，麻醉药物极度匮乏。野战医院里的伤员们伤势严重，有的甚至肢体残缺，痛苦的喊叫声此起彼伏。外科医生对伤员说："我给你注射一支吗啡。"然而，实际上注射的并非吗啡，而是普通的生理盐水。结果，有36%的伤员在注射后，感觉疼痛得到了极大缓解。在极度强烈的伤痛之下，一支普通的生理盐水竟然发挥出了如吗啡般的镇痛功效，这便是积极的自我暗示所产生的强大作用。

积极的自我暗示之所以有效，是因为我们的大脑具有强大的能力去影响身体的生理反应。当我们相信某物或某事能帮助自己时，大脑就会释放相应的化学物质，如内啡肽等，这些物质可以自然地减轻疼痛，提升情绪。这种内在的力量在适当的引导下，可以成为治疗过程中的有力辅助。

可见，积极的自我暗示是一种强大的心理工具，它可以帮助我们在面对生活中的挑战时，更好地管理自己的情绪和身体反应。那么，在日常生活中我们该如何运用这种方法来帮助自己呢？

- 自信的内心对话

在和自己对话时，语句要简短、清晰、具体，并使用肯定句式，避免使用否定句式。比如，"我不再焦虑"不如"我感到平静和自信"。同时，要根据自身情况和目标选择合适的语句，并将其融入日常生活。比如，每天早上醒来后，对着镜子说"今天我会充满活力，充满信心"；晚上睡前说"我感谢今天所发生的一切，我相信明天会更好"。

每天至少进行一次自我对话，每次持续5至10分钟，将积极的语句反复默念或大声说出，并配合相应的肢体动作，如深呼吸、握拳等。随着时间的推移，你会逐渐感受到积极的变化。

- 积极的视觉暗示

简单来说，就是通过眼睛所看到的事物，给自己传递积极、正向的信息和动力。可以是一幅激励人心的图片、一个写满目标的愿景板，也可以是身边那些成功的榜样。

比如，你是一位怀揣作家梦想的年轻人，但屡屡遭遇退稿，信心受挫。这时，你在书桌上放一张著名作家埋头创作的照片，每次坐下准备写作时，看到那张照片，你就会在心里对自己说："只要坚持，我也能像他一样。"这张照片就成了你的视觉暗示，不断激发你的创作热情和坚持下去的动力。

- 正向的行为暗示

正向的行为暗示是通过我们的行动和举止向自己的潜意识传递积极的信号，从而改变思维方式，增强自信心，激发潜能。比如，为了克服社交恐惧，可以每天早上对着镜子练习自信的姿态和表情。在社交中尝试放慢语速、保持眼神交流、微笑和点头。这些行为起初可能感觉不自然，但持续练习会帮助你变得更自信和善于交际。

生活就像一面镜子，你对它笑，它也会对你笑。通过积极的自我暗示，我们可以打破内心的枷锁，释放出无限的可能。每一次对自己说"我可以"的时候，都是在为梦想注入新的活力与希望；每一次运用积极的视觉暗示，都是在为成功的画卷添上一抹亮色；每一次践行积极的行为暗示，都是在向着目标迈出坚实的一步。因此，积极的自我暗示，是心灵的滋养剂，是勇气的加油站。

13. 停止妄下结论，避免庸人自扰

现实生活中，有不少人总是习惯于对生活中的一些人和事，不经过深思熟虑，便轻易断言，这样难免失之偏颇。在没有经过调查实证的情况下，便迅速武断地得出负面结论，往往有失公允。其实，即使我们亲眼看见的，都不一定是真相，更何况是道听途说的呢。

妄下结论的根源在于人类大脑的认知偏差。我们的大脑为了快速处理信息，会采取一些捷径，但这也会导致我们对信息进行扭曲和误解。常见的认知偏差有确认偏差、刻板印象、锚定效应、晕轮效应等。这些认知偏差就像大脑中的"过滤器"，阻碍我们对信息进行客观和理性的分析。其中，确认偏差尤为显著。

简单来说，确认偏差是指人们倾向于寻找、解释和记住能够证实自己先前所持观点或假设的信息，而忽视、曲解或遗忘那些与自己原有观点相矛盾的信息。例如，如果一个人先入为主地认为某个品牌的产品质量不好，那么当他看到关于该品牌产品的负面评价时，会格外关注并强化自己的这种看法；而当碰到该品牌产品的正面评价时，可能会选择忽视或者认为这些正面评价是不真实的或有特殊原因的。

也就是说，拥有这种认知偏差的人在接收信息时，倾向于寻找和保留支持自己观点的证据，而忽视或快速排除与之相悖的信息。这种倾向容易使人在缺乏充分信息的情况下做出仓促的判断，从而妄下结论。

据说，肯德基在决定进入中国市场之前，曾先后派过两位董事到北京考察市场。第一位考察者下了飞机，来到北京街头，看到川流不息的人群，就回去报告说中国市场大有潜力，但被总公司以不称职为由降职调动了工作。

接着公司又派出了第二位考察者。这位先生用了几天的时间，在北京的几条不同街道上，对不同年龄、不同职业的人进行询问，了解他们对炸鸡味道、价格以及炸鸡店设计等方面的意见。

不仅如此，他通过电脑汇总，生成了报告，从而得出肯德基在北京市场具有巨大潜力的结论。果然，肯德基在北京开张不到两年就收回了成本。

不论做什么事，在没有全面了解事情的真相时，不要妄下结论。一个人、一件事都有其多面性，仅从只言片语或一瞥就形成定论，这个定论多半是不严谨的。

为了避免妄下结论，从而陷入庸人自扰的境地，在面对一些人和事的时候，要学会理性、客观、全面地看待问题。

- 摒弃先入为主

在接触新的人、事、物时，尽量避免受到过去经验、刻板印象或他人观点的影响，以空白的心态去了解和认识。例如，在认识一个新朋友时，不要因为对方的外貌、职业或出身就对其性格和品质做出预设的判断。

对于同一现象或问题，要主动收集和了解不同的观点和看法，拓宽自己的思维边界。比如在讨论一个社会热点事件时，不仅要关注主流媒体的报道和评论，也要倾听不同群体、不同立场的声音。

- 深入调查研究

在遇到问题或情况时，不要局限于单一的信息来源，而是应从多个渠道、多个角度收集信息。例如，在购买一款电子产品时，除了查看产品官网的介绍，还可以参考消费者的评价、专业测评机构的报告等。同时，要核实信息的准确性。对于收集到的信息，应进行筛选和核实，确保其真实可靠。可以通过交叉验证、参考权威来源等方式辨别信息的真伪。

- 适当延迟判断

在获取一定信息后，不要急于立刻下结论，应给自己留出足够的时间进行思考和分析。例如，在工作中接到一个任务时，不要马上给出解决方案，而应先对任务的背景、目标、资源等进行全面的思考。即便已经有了自己的方案，也要与他人进行讨论和交流，分享彼此的观点和看法，从而获得新的启发和思考角度。

妄下结论就像一把锋利的刀，它会轻易割伤我们脆弱的心灵。只有停止妄下结论，保持理性思考，才能让我们在纷繁复杂的世界中保持清醒的头脑，避免庸人自扰。

14. 强化自我意识，逐步提升自控力

我们时常会有这样的经历：明明做好了计划，却没有按计划执行；不该生气的时候，却压不住火气……虽然自己也知道应该怎么做，但就是控制不住自己。

类似的经历几乎每个人都有过，它触及心理学中的一个核心概念——自控力，也被称为意志力或自制力。自控力是指个体在面对诱惑、压力或冲动时，能够抑制即时满足的欲望，而选择更长远利益的能力。它是人类心智成熟的重要标志之一，对于实现个人目标、维持人际关系和促进心理健康都有着至关重要的作用。

根据神经科学和脑科学的研究，人类大脑的前额叶皮层比其他动物更加发达，俗称"智慧脑"。它不仅负责我们的智力和学习能力，还负责行为的调控，从而产生一种约束我们行动的力量。自控力就是智慧脑控制我们行为的能力。

"所谓自由，不是随心所欲，而是自我主宰。"很多时候，不是因为优秀才自律，而是因为自律了，才会变得优秀。当一个人自律到极致的时候，即便起点不高，全世界依旧会为他让路。

某媒体曾曝光了一位考入名校的学霸的每日计划表，瞬间就引起热议。在这张计划表里，密密麻麻地写着他每天的学习进程。比如：凌晨1点睡觉，清晨6点起床，6点40分开始学习等。除了每天完成固定课程，

底层逻辑
个体实现自我突破的一整套思维框架

还包括每周两次的讲座充电、两门外语的学习和固定的锻炼时间。即便晚上9点到凌晨1点这段时间，也被他安排得满满当当。

他家境一般，刚入学时，经常一顿饭只吃两个馒头，为人腼腆，一度被同学们开玩笑。后来，他凭借勤奋与坚韧，连续四年都获得了一等奖学金，成绩保持在全院前三。还未毕业，他就被一家知名企业提前聘用。

在名校，高手如云，个个都出类拔萃。但这位貌不惊人、出身普通的学子却能在天才堆里脱颖而出，靠的是什么？不是深厚的背景，而是简简单单的两个字：自律。

当然，培养自控力不是一蹴而就的，它需要时间和耐心。就像种植一棵树，起初可能看不到明显的变化，但只要持续浇水施肥，终有一天它会长成参天大树。在提升自控力的过程中，要着重做好以下几件事。

- 设定小目标

设定小目标并从小事做起，是培养自控力的有效策略之一。这种方法基于"小赢"理论，即通过实现一系列微小但可达成的目标来逐步建立自信和动力。比如，每天早起一小时，坚持一周不看电视，并逐步提高目标难度。如果一开始就设定过高的目标，容易引发挫败感。

- 建立良好的作息习惯

习惯是重复的行为模式，而自律则是对自身行为的规范和约束。通过建立良好的习惯，可以培养自律意识，并形成稳定可持续的行为模式。比如，养成每天阅读、运动、冥想的习惯，可以帮助我们保持身心健康，并提升自控力。

- 学会延迟满足

延迟满足让人们在面对诱惑时，能够暂时克制满足需求的冲动，以便在以后获得更有价值的、长远的利益和幸福。正确地利用延迟满足，能够带来更大的幸福和快乐。

- 为自己设定奖励

每当你达成一个小目标时，给自己一些正面的反馈。这可以是一句自我表扬、一段休息时间，或者任何你觉得合适的奖励。这些小胜利会增加你的积极情绪，增强自信心，让你更有动力继续前进。

通过强化自我意识，逐步提升自控力，我们不仅能够更好地管理自己的生活，还能在追求梦想的道路上走得更远。让我们一起用坚定的意志和不懈的努力，开启一段自我提升的旅程。

15. 面对并克服内心的恐惧

恐惧是人类与生俱来的本能，它像一道无形的墙，阻挡着我们通往自由与成长的道路。从孩提时代对黑暗的恐惧，到成年后的社交恐惧，再到面对人生重大抉择时的畏惧，恐惧无处不在，无时无刻不影响着我们的行为和选择。然而，恐惧并非不可战胜。它更像是通往自由与成长的密钥。只有勇敢地面对它，并学会克服它，我们才能真正获得内心的平静，实现人生的突破。

从本质上来说，恐惧是一种对潜在威胁的预判和防御机制。当我们感知到某种刺激可能带来负面结果时，大脑就会自动启动警报系统，产生恐惧情绪，并促使我们采取相应的行动，如逃避或防御。

与远古时期不同，在现代社会，我们所面对的威胁更多来自心理层面的压力、社会竞争、个人成长中的挑战等。然而，我们大脑的恐惧机制仍然沿袭着古老的模式，对任何可能带来负面结果的刺激都过度反应，导致我们陷入焦虑、不安、犹豫不决的状态，最终阻碍了我们前进的步伐。

林某是一家公司的财务分析师，他从事这份工作多年，逐渐失去了激情。于是，他产生了一个想法：辞职创业。然而，他又害怕离开稳定的工作环境，担心自己无法在竞争激烈的商业环境中生存。这种对未知和失败的恐惧让他一度陷入了内心的挣扎。

第二章　透视内心，突破自我的底层逻辑

经过反复思考和权衡，他终于做出了一个大胆的决定：辞去工作。他面临的第一个挑战是如何克服对失败的恐惧。为此，他理性地分析了当前的形势，并制订了详细的创业计划。同时，他通过不断学习提升自己，比如开始大量阅读关于短视频创作和营销方面的书籍，并参加一些培训和研讨会。

接下来，他选择了自己最擅长且最感兴趣的领域——财经分析，结合短视频的形式，制作了一系列深入浅出、生动有趣的金融知识讲解视频。他不断优化内容，提升视频质量，同时也积极参与社交媒体互动，倾听观众的反馈，适时调整创作方向。很快，他的账号就积累了许多忠实的粉丝。他们每一次的点赞、评论和分享，都给了他巨大的动力。在短短半年时间里，粉丝数就突破了百万。因此，他也陆续收到各种合作邀请，在圈内的影响力越来越大。

面对未知的恐惧，最有效的武器就是知识、行动和坚持不懈。通过不断学习和实践，林某不仅克服了内心的恐惧，还将自己的事业推向了新的高度。可见，只要勇于面对内心的恐惧，坚持不懈地追求梦想，就能开启人生的新篇章。

无论是面对职业生涯的转折点、人际关系的复杂性，还是个人目标的追求，恐惧都有可能成为我们前进道路上的绊脚石。然而，通过采取一系列有效的方法，我们可以逐步克服这些恐惧，实现个人的成长和成功。

- 认知重构

对恐惧的来源进行理性分析，挑战负面的思维模式，用更积极、更理性的视角看待问题。比如，面对演讲的恐惧，我们可以理性地分析：演讲失败只是暂时的，不会影响自己的人生轨迹。我们可以用更积极的语言来鼓励自己。比如："我今天会尽力，即使不完美，我也会从这次经历中有所收获。"

- 暴露疗法

暴露疗法是一种广泛应用于心理治疗的方法。其基本原理是通过有计划、有控制地将个体暴露于他们所恐惧的情境中，从而帮助他们逐渐适应并减少对这些情境的恐惧反应。这种方法基于一个心理学概念——习惯化，即在重复暴露于某一刺激下，个体对该刺激的反应会逐渐减弱。比如，害怕社交的人可以从参加小型聚会开始，逐步增加社交的频率和强度，并尝试与陌生人进行交流。通过持续的练习和暴露，个体对社交的恐惧反应会逐渐减弱，最终能够在各种社交场合中感到更加自在和自信。

- 学会放松

学习和实践放松技巧，如深呼吸、冥想、瑜伽或渐进式肌肉放松，可以帮助个体在面对恐惧时保持冷静，减少身体的紧张反应。这些技巧有助于降低焦虑水平，增加对恐惧情境的容忍度。同时，保持健康的生活方式，如规律的运动、充足的睡眠和均衡的饮食，也有助于提高整体的心理韧性。

- 寻求专业帮助

如果恐惧感严重影响了日常生活，寻求心理咨询师或精神科医生的专业帮助是非常必要的。专业人士可以通过评估确定恐惧的类型和严重程度，然后制订个性化的治疗计划。这可能包括心理治疗、药物治疗或两者结合，并提供专业的指导和策略，帮助个体更有效地管理恐惧。

除上述方法外，建立支持性的社交网络、设定现实目标和庆祝小成就也是克服恐惧的有效辅助手段。重要的是，克服恐惧是一个逐步的过程，需要时间、耐心，以及持续的努力和实践。每个人的情况都是独特的，因此找到最适合自己的方法至关重要。

16. 不做盲目比较，避免陷入自卑的旋涡

在生活和工作中，不少人会有意识或无意识地拿自己和其他人进行比较。比如，我们经常能听到这样的声音："身边的朋友或同学每个人都……"这种盲目的比较，很容易让一个人陷入迷茫与焦虑中，甚至会开始怀疑自己，怀疑人生。

古语说："有向上之心可行，有攀比之心不可取。"从古至今，上至皇帝大臣，下到黎民百姓，无不有攀比之心。这种比较心理在某些情况下是正常的，它可以激励我们进步，让我们看到自己的不足，从而努力提升。

然而，如果比较方式错误，过度关注他人的优点而忽略自己的长处，就会陷入自卑的泥潭，最终损害自身的发展。因此，不盲目比较，避免陷入自卑的旋涡，是每个人都需要掌握的智慧。

人类作为社会性动物，天生就有归属感和被认可的渴望。比较行为，本质上是寻求自我价值的认可。我们通过比较，试图在群体中找到自己的位置，判断自身价值，并获得相应的社会地位和资源。然而，盲目比较会扭曲我们对自我的认知，导致自卑情绪的滋生。

小李是一名大四学生，正在准备研究生入学考试。近几周来，每当班级里讨论起考研的话题时，小李就感到异常烦躁。同学们分享的复习进度和心得让他备感压力，尤其是那些成绩优异的同学，似乎一切都在他们的

掌控之中，这让小李感到自己远远落后。

晚上躺在床上，小李难以入眠。他的脑海中不断浮现出班上学霸们自信的笑容，以及曾经做过的复杂试题。他甚至开始做噩梦，梦见自己在考试中一败涂地，试卷上满是红叉，分数栏里赫然写着"0"。这种焦虑感不仅影响了他的睡眠，也逐渐侵蚀了他的日常生活。

复习时，小李发现自己变得异常敏感。每遇到一道不会做的题目，他就会陷入深深的自我怀疑，反复告诉自己："我能力不行，我解题技巧太差，或许我根本不适合考研。"这种负面的自我评价像一个恶性循环，让他的复习效率越来越低，情绪也越来越糟糕。

考研本是正当竞争，而不是习惯性攀比。正当竞争往往因为其明确的目标让人信心十足，精力充沛；而习惯性攀比无疑是一剂毒药，它会给人一种无力感，甚至让人的内心隐隐作痛。

心理学家凯利的人格认知理论指出，不管事实如何，认知才是关键，心理障碍的根源在于认知偏差。在外部世界不变的情况下，改变认知就能纠正心理障碍。因此，要避免盲目比较，首先要改变自己的认知。

每个人都有自己的优势和劣势，适合的标准也各不相同。不要一味用不适合的标准衡量自己，进而陷入自我怀疑的境地。在看到他人优点的同时，也不要忽略自己的进步和努力。学会理性比较，从根本上避免陷入自卑的旋涡。

- 多与自己比较

每个人都应该以自己为参照物，衡量自身的成长和进步。与其羡慕他人，不如专注于自身的发展，不断突破自我，实现自我价值。比如，在学习过程中，可以记录每天复习的时间和掌握的知识量，通过这种方式看到自己的积累和成长。与过去的自己比较，你会发现自己已经取得了显著的进步，这种自我肯定能极大地增强自信心。

- 关注自身优势

每个人都有自己独特的才能和兴趣。花时间去探索和确认你的优势所在，无论是学术专长、艺术才华还是人际交往能力。一旦找到自己的亮点，就要充分利用它们，让这些优势成为你自信的源泉。

- 学习他人的优点

观察周围的人，找出他们的优点并从中学习，这是积极成长的一种方式。当你看到别人某方面做得很好时，不妨询问他们是如何做到的，或者研究他们的方法和策略。通过借鉴和融合他人的成功经验，可以找到适合自己的新途径，同时也避免了盲目比较带来的挫败感。

- 接受不完美

认识到没有人是十全十美的，包括你自己，这是非常重要的。每个人都有弱点，关键在于如何面对这些弱点。试着将注意力从缺点转移到改进的过程上，每一次失败都是成长的机会，每一次尝试都让你离成功更近一步。在遇到难题或挫折时，保持冷静，寻找解决办法，而不是沉溺于自我批评。

不做盲目比较，避免陷入自卑的旋涡，需要我们拥有正确的比较方式和积极的心态。要知道，真正的优秀，不仅仅在于达到目标，更在于享受过程中的每一刻，与最好的自己同行。

17. 停止"自虐式"自律，通往自由境界

自律是一种良好的精神品质，很多时候，它也会成为精神枷锁的源头。尤其是当我们习惯用自律来压抑本能，用克己来麻痹欲望时，结果经常把自己困在"自虐式"的循环之中。

"自虐式"自律的根源在于将自律视为一种外在的强制性行为，而非内在的自然选择。这种误区源于我们对自律的错误理解，即将自律等同于自我压抑，而忽视了真正的内心需求。

不论做哪一行，要取得一时的成绩，固然可以靠天分，但是真正持久的进步，必须要靠持续的自律，而非自虐。

村上春树，日本当代作家，以其独特的文学风格和对生活的深刻洞察而闻名。他的作品如《且听风吟》《挪威的森林》等，在全球范围内拥有广泛的读者群。村上春树的成功并非偶然，而是源于他数十年如一日的自律与坚持。

自他开始写作以来，几乎每天都坚持早上4点左右起床，写作4到5个小时，然后再开始一天的其他活动。这种高度的自律，让他能够持续产出高质量的文学作品。他的作品不仅在日本国内畅销不衰，还被翻译成多种语言，在全球范围内拥有广泛的影响力。

不论干哪一行，真正的持久进步并非依赖于一时的天分或运气，而是需要长期的自律与坚持。当然，自律不等于自虐，真正的自律是收放自如

的，而不是一味对自己"狠"。比如，有人为了锻炼身体，不顾自身的体质，透支了自己的身体，不管身体能否承受，不达目标誓不罢休，结果弄伤了自己。再如，还有一些人，他们看到镜中日益发福的身躯，下定决心减肥。学做减肥餐，做了两次就嫌太清淡，放弃了；高喊每天跑十公里，第一次累得气喘吁吁，第二天再也不去了……这不是自律，而是间歇性自虐。

这种所谓的"自律"，会让自己陷入一种间歇性努力和持续性放纵的状态中。自律真有这么难吗？其实不然，要高效地自律，只需掌握三个简单的方法。

- 逐渐增加事情的难度

以起床为例，如果习惯在七八点起床，现在要开始自律了，可以尝试让自己早睡早起，将起床时间调整到五六点。初期，由于身心尚未适应新的作息，会感到抗拒。在生物钟调整前，这种改变可能让人觉得是在苛待自己。然而，随着生物钟逐渐同步，早起会变成一种自然的习惯，不再给身体带来负担，反而促进了健康。体验到早起的种种益处，如精神饱满、内心充实，这时继续坚持的动力源自内在满足，而非外在强迫，真正体现了自律的价值。

- 来点精神层面的"刺激"

在保持自律的过程中，利用精神激励作为内在动力非常重要。设想未能达成目标的后果，比如错失心仪的机会或健康亮起红灯，可以激发更强的行动力。有一个年轻人，体重严重超标，医生建议他改善生活方式，但他并没有立即行动，直到身体负荷不了，进了医院。这次经历让他铭记于心。从此，他决定改变自己的生活方式。每当懒惰的念头浮现，脑海中便会浮现出那段痛苦的记忆，提醒他必须坚持，以免重蹈覆辙。

通过这种方式，让精神层面的刺激转化为实际行动，从而帮助我们在自律的道路上走得更远。

- 降低享乐可得性

多数人认为，自律依赖于意志力对抗诱惑。其实，如果一味地依赖意志力，这种自律是不可持续的。毕竟，意志力容易耗尽且需要恢复，过分依赖它来维持自律，反而可能导致最终的放松。

如何在无须持续消耗意志力的情况下实现自律？关键在于减少即时享乐的便利性，同时增强对重要事项的专注力。具体做法是投身于那些意义重大且能带来内在满足感的活动中，这种由衷的喜悦将成为推动自律的原动力。

真正的自律并非对自身的严苛惩罚，而是一种通向更高自由境界的路径。它意味着理解并接受自己的需求与限制，通过合理规划与自我激励，逐步塑造有益于身心健康及个人成长的习惯。

18. 打破"自我惯性"，注入新的习惯

惯性，指的是物体保持静止状态或匀速直线运动状态的性质，在物理学中是物体的一种固有属性。而我们人类，也拥有类似的惯性。习惯，如同物理学中的惯性一样，是一种潜意识中的"自动程序"，它们简化了决策过程，使我们在不需要过多思考的情况下就能做出某些行为。

有些时候，这种"自我惯性"更像一种无形的枷锁，引导着我们的思维和行动的走向。再加上我们的大脑天生喜欢简单易行，倾向于选择熟悉的路径。如此一来，我们会固执地停留在"舒适区"，重复已有的行为模式，即使这些行为已不再适合当前环境。当我们被惯性牢牢束缚时，我们也就失去了探索未知、突破自我、实现成长的机会。

当然，要改变习惯，往往伴随着不适和焦虑。这种感觉会促使我们放弃，并回到熟悉的"舒适区"。这种回归看似提供了一时的慰藉，却无异于加强了原有的习惯模式，形成了一个不利于个人成长的"闭环"。

我们所熟悉的"悬梁刺股"的故事，讲述了汉朝时期的孙敬和战国时期的苏秦如何克服学习上的困难。孙敬读书勤奋，为了避免夜晚打瞌睡，他用绳子的一头绑住头发，另一头拴在屋梁上，这样只要头一低垂，疼痛就会使他清醒过来；苏秦则在困倦时用锥子刺大腿，以痛感驱散睡意，继续研读兵书。这两位人物通过忍受身体上的不适，克服了学习过程中的障碍，最终成为学识渊博的大师。

这两个案例虽然极端，但它形象地展现了人们在面对改变习惯的挑战时，需要超越一时的不适，才能实现自我突破和成长。在现代环境下，我们或许不需要采取如此激进的方法，但其中蕴含的精神——勇于面对困难、坚持不懈地追求目标——仍然是改变习惯和实现个人发展的重要原则。

在日常生活中，为了打破"自我惯性"，我们该如何培养新的习惯呢？

- 看到自己身上的惯性

人是有惯性的，很多时候我们都处于"自动驾驶"模式。这意味着在特定情境下，我们会自动触发预设的反应，无论这些反应是否理性或最优。在这种情况下，我们的情绪主导了行为，基于以往经验，不加思考地做出回应。

多数人不易察觉自身的这种惯性，倾向于用固定视角解析周围环境与人际关系。简言之，就是在特定刺激下，人们会不由自主地重复过往行为模式，即使意识到反应可能欠妥，也难以立即调整。

所以，我们要像观察一个陌生人一样观察自己，看看自己身上到底有哪些"自动化模式"，以及它们的局限。同时，也需要觉察这些惯性"自动化模式"的背后，触发它们的真实痛苦是什么。只有当我们认清这些，才有机会做出新的改变。

- 找到替代行为

为了促进个人成长，需识别并替换不再有益的习惯。比如，许多人可能习惯于在感到压力或无聊时通过吃零食寻求安慰，长期来看，它可能引发健康问题。为了打破这种惯性，可以设计并实施更健康的替代行为——用水代替零食。每当触发情境出现时，立即执行新的行为——喝水，逐渐让这一动作成为习惯。此外，也可以结合其他健康活动，如短暂散步或深呼吸练习，进一步丰富替代行为的选项，使其更有趣且有益。

- 持续执行与调整

培养新习惯是一个渐进的过程,需要持之以恒的努力和灵活的调整策略。如果你的目标是每天阅读,可以设定一个固定的时间段,如睡前半小时,专门用于阅读。同时,要追踪进度。每隔一段时间,回顾你的习惯执行情况,检查是否达到预期效果,或者是否出现了意料之外的阻碍。每当达到一个目标时,要给自己一些正面的反馈,比如奖励自己一顿美食或一次短途旅行,以巩固正面行为。

有句话说得好:"坚持一个行动,你会养成一个习惯;坚持一个习惯,你会养成一个个性;坚持一个个性,决定你一生的命运。"不断地审视和调整自己的行为模式,打破"自我惯性",并培养新习惯,方能在自我成长的道路上不断前进。

19. 自设挑战，别让"舒适区"不知不觉毁了你

我们每个人都渴望舒适，渴望安逸，渴望远离生活的波折与风险。于是，我们渐渐地筑起了属于自己的"舒适区"。"舒适区"就像一块温软的泥潭，它让我们沉醉于熟悉的节奏，安于现状——我们每天重复着相同的生活轨迹，工作中墨守成规，生活中毫无波澜，时间在舒适的迷雾中悄然流逝。

"如果一个人一直停留在舒适区，他永远不会知道自己的极限在哪里。"这句话道出了"舒适区"的本质——它限制了我们的可能性，让我们错失突破自我的机会。

周某在某企业工作多年。他每天按部就班地工作，下班后打打牌，看看电视，生活平淡无奇。但他的内心却隐约感到空虚和迷茫，不知道自己的人生意义何在。直到有一天，他偶然接触到公益事业，才突然意识到，自己一直被"舒适区"束缚，从未真正去探寻自己的内心。于是，他在工作之余，开始参加一些公益活动。从为贫困儿童筹集学习用品到参与环境保护项目，每一次的付出都让他感受到了前所未有的满足与价值。他发现，当自己的努力能够为社会带来哪怕一点点的正面影响时，那种内心的充实与快乐是其他工作无法比拟的。

不久之后，周某做出了一个大胆的决定——辞去了稳定的工作，全身心投入到公益事业中。他成立了一个非营利组织，致力于教育扶贫和环保

宣传。凭借对事业的热爱与执着，他的组织逐渐获得了社会各界的认可与支持，影响范围不断扩大。

周某说："真正的幸福与满足来自自我价值的实现，而这份价值往往隐藏在对他人和社会的贡献之中。"他鼓励身边的每一个人，无论身处何种环境，都应当勇于跳出自己的"舒适区"，去探索、去尝试，找到那份真正能够点燃内心激情的事业。

对多数人而言，主动离开"舒适区"的确是一项挑战，因为我们天生倾向于规避不确定性和潜在的不适。但是，如果没有跨出"舒适区"的勇气，我们将难以体验到成长和自我超越的喜悦。人生中最宝贵的经历往往发生在我们勇于面对未知、挑战自我极限之时。所以，必要时，请学会有策略地离开"舒适区"。

- 识别"舒适区"的边界

要认真审视自己的生活，找出那些让自己感到舒适但实际上却阻碍成长的习惯和思维模式。比如，总是选择熟悉的路线、拒绝尝试新的菜肴、害怕公开演讲等等。这些看似无害的舒适，实则阻碍我们迈向更广阔的世界。

- 勇于跳出"舒适区"

需要直面内心的恐惧。克服恐惧的最佳方式就是行动。不要害怕失败，每一次尝试都是宝贵的经验，即使结果不尽如人意，也能从中吸取教训，不断改进。比如，学习一门新语言对于大多数人来说都是一个挑战。它需要记忆大量词汇、理解语法结构以及实际应用，这无疑要让你跳出长期以来仅使用母语或已知语言的"舒适区"。

- 逐步适应新挑战

挑战并非一蹴而就，需要循序渐进。不要一开始就设定过于宏大的目标，而应从简单的目标开始，逐步提升难度。比如，想要学习游泳，可以先从练习在浅水区漂浮开始，逐步学习蛙泳、自由泳等技巧。随着你逐渐适应新的挑战，你会发现自己的能力在不断增强。此时，可以设定更具挑战性的目标，继续推动自己的成长。

　　人生如逆水行舟，不进则退。在舒适安逸的环境中，我们或许能暂时获得片刻的宁静，但最终却会沦为生活的囚徒，失去成长的动力。跳出"舒适区"，拥抱挑战，才能真正实现自我突破，活出精彩人生。

第二章 透视内心，突破自我的底层逻辑

20. 构建成长逻辑：以积极心态看待挑战与变化

在充满不确定性的时代，如何才能在变化中保持积极的心态，将挑战转化为成长的机遇？答案在于构建一套成长逻辑——以积极的心态迎接挑战，拥抱变化，不断突破自我，最终实现人生的精彩绽放。

变化往往伴随着风险和挑战，但也蕴藏着无限机遇。当我们把变化视为成长的契机，积极探索未知领域时，就能在变化中找到新的突破口，实现自我价值的提升。

小张是一位资深的摄影爱好者，他开了一家摄影工作室，靠为顾客拍摄肖像和婚礼照片谋生。近年来，随着智能手机相机质量的提升和社交媒体的兴起，越来越多的人开始选择自助拍摄，导致他的业务量急剧下降。面对这一挑战，小张没有选择固守成规，而是决定跳出"舒适区"，重新定义自己的摄影事业。

他在深入研究摄影艺术的最新趋势后发现，虽然传统摄影市场萎缩，但高质量的艺术摄影和创意视觉服务的需求依然旺盛。于是，他将摄影工作室转型为一个创意摄影中心，专注于创作具有故事性和艺术感的照片，不仅提供摄影服务，还开设了摄影课程和艺术展览，吸引了一批追求个性化体验的客户和摄影爱好者。

同时，他利用互联网平台，如社交媒体和在线摄影社区，展示自己的作品，并与一些小有名气的摄影师和艺术家建立了联系。这不仅提升了他在行业内的知名度，还为他带来了一些合作机会。

在这个故事中，面对行业变革，小张构建了一套强大的成长逻辑——积极拥抱新技术和新趋势，并不断学习和创新。这不仅让他成功抵御了危机，还抓住了新的机遇，实现了个人和职业的双重成长。

由此可见，面对挑战和变化，构建一套适合自己的成长逻辑至关重要。以下是构建个人成长逻辑的三大核心要点。

- 积极拥抱变化，捕捉机遇之光

变化，既是事物的本质，也是成长的催化剂。它可能带来短暂的混乱与迷茫，但更孕育着无尽的机遇与可能。在面对变化时，我们不应畏惧，而应以一颗开放包容的心去接纳，去探索。无论是技术的革新、市场的波动，还是社会文化的变迁，每一次变化都是一扇窗，透过它，你能窥见未来世界的轮廓，发现新的机遇，找到属于自己的舞台。正如暴风雨之后总有彩虹，变化之后，总有属于你的璀璨。

- 持续地深度学习，磨砺智慧之剑

构建成长逻辑的过程，就是一场没有终点的学习之旅。在这个信息爆炸的时代，知识更新的速度远远超乎想象。唯有保持对新知的渴望，才能在这场马拉松中不落人后。阅读经典，吸收前人的智慧；学习前沿科技，洞察未来趋势；参加专业培训，提升实战技能。更重要的是，将学习作为一种生活方式，让它渗透进日常的点滴，成为滋养心灵的甘泉。记住，智慧之剑需不断磨砺，方能在关键时刻一展锋芒。

- 不断优化行为模式，塑造卓越之我

每个人都是一本独特的书，书写着自己的故事。通过反思，我们可以审视自己的行为模式，识别哪些习惯助推了成长，哪些成了绊脚石。然后，有意识地加以调整，摒弃那些不再适用的旧模式，培育那些能引领自我突破的新行为。无论是时间管理、情绪调控，还是人际交往，每一次微小的改变，都是向卓越迈进的一步。

综上所述，构建个人的成长逻辑，是一场集勇气、智慧与毅力于一体的征途。它要求我们以开放的姿态拥抱变化，以持续的学习磨砺心智，以不断的优化塑造自我。在这条路上，或许会有曲折，或许会有挑战，但只要心中有光，脚下有路，终将抵达梦想的彼岸。正如那句名言所说："那些打不倒你的，终将使你更强大。"

第三章

终身学习，破解能力的底层逻辑

21. 核心竞争力：个人实现"逆袭"的关键

"逆袭"一词，现如今充斥在各种焦虑与不安的社会语境下，仿佛成为每个人内心深处共同的渴望。从平凡到卓越，从籍籍无名到光芒万丈，我们都期望在人生的舞台上完成华丽的转身，实现属于自己的"逆袭"。而在这条漫漫征途上，核心竞争力则是我们最坚实的武器、最可靠的伙伴。

何谓核心竞争力？它并非简单的技能或知识，而是能够将你与他人区分开来的独特优势，是你在特定领域内能够持续取得成功、超越竞争对手的关键要素。它可以是深厚的专业知识、精湛的技术能力、敏锐的洞察力，也可以是卓越的沟通能力、强大的学习能力，或是坚韧不拔的毅力。

今天，竞争日益激烈，传统的学历、资历等优势不再是决定成功的唯一标准。要想成功"逆袭"，必须要有自己的核心竞争力。那么，如何打造这种竞争力呢？

- 认识自我：找到"独门秘籍"

核心竞争力的打造要从认识自我开始。每个人都有自己的优势和劣势，我们要做的就是找到自己的独特之处，发掘自身潜能，并将其转化为竞争优势。首先，要仔细分析自己的技能、知识、经验和性格特点等，找出自己的优势。比如，你可能擅长沟通，具有良好的逻辑思维能力，或者拥有丰富的行业经验。其次，要清楚自己的劣势，并找到克服的方法。比如，你可能不善于表达，缺乏自信，或者不擅长时间管理。最后，要找到自己的兴趣和价值观。兴趣和价值观是你的"内驱力"，它们会影响你的选择和努力方向。找到你真正热爱的事物，并将其与你的优势相结合，你将更容易获得成就感和持续的动力。

- 提升技能，打造核心优势

找到核心优势只是第一步，要想打造强大的竞争力，还需要精进技能，不断提升自身能力。这需要你投入时间和精力，进行持续学习和训练，将优势转化为真正的竞争力。比如，在专业领域，不断深入学习专业知识，积累丰富的经验；针对自己的核心优势，不断练习和提升相关技能，将其打磨到炉火纯青的境界。除了专业技能外，沟通能力、团队合作能力、解决问题的能力、抗压能力等也非常重要，需要不断学习和培养。

- 差异化发展：打造独特价值

在竞争激烈的社会中，仅仅拥有良好的基础技能是不够的，还需要差异化发展，打造属于自己的独特价值，才能在众多竞争者中脱颖而出。比如，一位拥有丰富烹饪经验的厨师，可以通过学习新菜系、开发独特菜品，并将其与健康理念相结合，打造一家独具特色的餐厅，以此吸引众多顾客。

要实现差异化，关键有三点：一是在你的专业领域，寻找一个尚未被充分开发的细分领域，并专注于这个领域发展专业知识和技能，成为该领域的专家；二是将你所擅长的不同技能进行组合，形成独特的优势，提供更加个性化的服务或产品；三是不断学习新知识，尝试新的方法，用创新的思维解决问题，打造更具价值的方案。

对普通人来说，"逆袭"并非天方夜谭。只是，"逆袭"并非一蹴而就，它需要深厚的积累和持续的成长。观察那些成功实现"逆袭"的人，不难发现，他们都拥有一个共同点，就是持续地学习和精进。正如约翰·杜威所言："我们不是通过学习而停止生活，而是通过生活而持续学习。"这也是他们能够实现人生蜕变的关键。

22. 了解自身优势，从擅长的事情做起

在这个世界上，每个人都是独一无二的主角——扮演着各自不可替代的角色，携带着独特的天赋、经历和视角，这些共同塑造了我们的个性和能力。正如繁星点缀夜空，每颗星星都有其特有的亮度和位置。因此，我们要学会识别并放大自身的光芒，让其照亮前行的道路。这就是了解自身优势的意义所在。

了解自身的优势，不仅能帮助我们找到个人价值的实现路径，同时也为我们提供了在复杂世界中导航的灯塔。如果我们能够清楚地认识到自己的长处，就更容易在学习和成长的过程中保持动力与方向。"学习的关键是找到自己真正感兴趣的东西，然后像孩子一样去探索。"

当我们从自身优势出发，选择与之匹配的学习领域时，学习的过程便不再是一场枯燥的"填鸭式"教育，而是一次充满乐趣的"探索之旅"。这种兴趣和热情会成为内心的学习动力，让我们更加积极主动地投入学习，并最终取得事半功倍的效果。

村上春树在成为作家之前，曾是一家名叫"彼得猫"的爵士乐酒吧的老板。尽管没有经过正规的文学训练，村上春树却对文字有着天生的亲和力和深沉的热爱。他意识到，写作不仅是表达思想和情感的工具，更是他内心深处的一种"优势"。这种优势并非一蹴而就，而是通过不懈的努力和持续的自我提升逐渐形成的。他曾说，自己在马拉松比赛中体会到的毅

力和坚持，与写作过程中的专注和耐力有着异曲同工之妙。正是这种将爱好转化为专业技能的决心，让他在文学的道路上越走越远。

村上春树的第一部小说《且听风吟》是他在经营酒吧期间，观看一场棒球比赛时萌生的灵感。他坐在观众席上，突然决定要成为一名作家。随后，他开始利用业余时间写作。这份坚持最终得到了回报，他的作品开始被出版社认可，并逐步积累了读者群。他后来的《挪威的森林》《舞！舞！舞！》等作品，不仅在日本国内取得了巨大成功，也被翻译成多种语言，赢得了全球读者的喜爱。

由此可见，他并非天生文笔优异，而是凭借对文学的热爱和对自身写作能力的自信，坚持不懈地写作，最终才有了今天的文学成就。在他看来，写作不仅是他热爱的事业，更是他内心深处的"优势"所在。

优势，无论是源于先天的资质，还是后天的辛勤培养，都像是每个人独有的"金钥匙"，能够开启通往个人成功与满足的大门。当一个人清楚自己的优势，并有针对性地去学习时，他的成长进程会更快。主要原因有以下三个。

- 提高学习效率

当我们从事与自身优势相符的学习活动时，由于已经具备一定的基础和理解，学习曲线会变得更加平滑。这意味着我们能在较短的时间内掌握更多的知识和技能，学习效率将得到显著提升。比如，对于一个擅长逻辑推理的人来说，学习计算机编程或数学理论会比其他人更快，因为他们可以迅速理解抽象概念，而不需要花费太多时间在基础知识上。

- 增强学习动力

兴趣是最好的老师。当我们对某件事充满热情时，会更加投入，更愿意花时间和精力去钻研，这反过来又促进了技能的提升和知识的深化。因此，当我们做自己擅长的事情时，会感到更加自信和享受。这种积极的情绪状态能够增强学习的动力。

- 减少挫败感

在擅长的领域学习，面临的挑战相对较小，成功的概率相对更高，这有助于我们建立正面的学习反馈循环。每当完成一个小目标或解决一个问题时，都会产生成就感，这种正向反馈会激励我们继续前进，克服更大的困难。相比之下，如果一开始就尝试自己不擅长的事情，频繁的失败可能会打击信心，降低学习的积极性。

有人曾说："人生的秘诀，不在于追求自己没有的东西，而在于珍惜已经拥有的东西。"个人成长与幸福的关键，在于珍视并充分利用我们已有的优势和资源，而非无休止地追逐那些遥不可及的梦想。现在，就让我们从自身优势出发，设计出一条与其契合的学习路径。这不仅是一种智慧的生活态度，也是一条加速个人成长的捷径。

23. 学习，不断充实自己的能力储备

在这个世界上，唯一不变的就是变化。倘若我们故步自封，拒绝接纳新鲜的事物与情境，就如同夜行者紧闭双眼，即使援助之手伸向你，也难以触及。如此，面临的将是被时代无情淘汰的命运。

如果我们停下学习的脚步，自我封闭起来，就容易陷入狭隘的认知陷阱，心灵蒙尘，难以洞察生命与宇宙的真实面貌。因此，要想实现个人的成长与进化，唯有将终身学习作为人生的信条。

掌握知识，犹如登临高峰，能俯瞰辽阔的风景、获得无限的可能性。缺乏知识，则仿佛在幽暗的迷宫中徘徊，前路茫然，举步维艰。生命的真谛不应是蜷缩于谷底的安稳，尽管那里看似宁静，却限制了视野与梦想。

齐白石是中国近现代画坛上一位杰出的艺术大师，也是世界著名的艺术家之一。他一生都在学习和探索，从一个乡村木匠成长为国际知名的艺术家，他的人生经历本身就是一部励志传奇。

齐白石出身贫寒，少年时曾务农、做木匠，后来因机缘巧合开始学习绘画和篆刻。他的艺术之路并非一帆风顺，起初没有得到正规的教育，而是靠自学成才，这培养了他独立思考和自主学习的能力。中年后，齐白石毅然决定放弃当时已小有名气的工笔画，转而向写意画发展。晚年时，他的身体状况已经大不如前，但他的艺术创作却达到了顶峰。他每天坚持作画，即使是在病榻上，也不忘挥毫泼墨。这种"生命不息，笔耕不辍"的

精神，是他对艺术无限热爱的真实写照。

古人云："学无止境。"学习是一个永无止境的旅程，从孩提时代懵懂的识字开始，到青年时期对专业知识的深入学习，再到成年后对社会经验的积累，学习贯穿了我们生命的始终。学习的过程，就是我们不断丰富自身能力储备的过程。

当然，学习不能走形式，真正的学习要有助于我们在思想和境界上建立维度优势，有利于我们拓展大脑的认知。因此，在学习过程中，要把握好一些基本的原则。

- 提升学习的深度

在面对新知识时，不应仅仅停留在表面的记忆上，而是要激发好奇心，探究其背后的逻辑与关联，甚至质疑其前提与结论的有效性。换句话说，我们应在理解的基础上，结合个人的经历、专业知识和独特见解，对信息进行重组与解读，使之融入我们的认知框架中。

- 掌握临界知识

临界知识指的是那些能够跨越不同学科和领域的核心概念、原理和模式，它们构成了理解和创新的基础。掌握临界知识意味着不仅仅学习孤立的技能或事实，而是探索这些技能和事实背后的深层结构和规律。这种知识能够帮助人们在面对新情境时，灵活运用已知的原则来解决问题，促进创新思维和高效学习。

如今，很多人拥有多重职业或身份，一个人可能同时是工程师、艺术家和企业家。虽然掌握特定技能很重要，但更重要的是理解支撑这些技能的底层逻辑。比如，无论是编程还是作曲，背后的思维模式——如抽象化、模块化和迭代改进——都是相通的。通过提炼这些共通的模式，个体可以更快地在不同领域间迁移能力，提升解决问题的效率。临界知识的学习要求我们超越表面的学习，深入到事物的本质。

- 多应用于实践

"知行合一"是深化理解和实现个人成长的关键。当学习新的知识或技能时,最有效的巩固方式就是将其融入实践中。这样做不仅能够检验所学是否正确,还能帮助我们识别知识中的盲点和不足,从而有针对性地进行补充和完善。

一个完整的学习循环应当包括从理论学习到实际应用,再到反馈调整的过程。一旦学习了某个概念或技巧,应立即寻找机会将其应用到真实场景中,无论是通过项目、实验、写作还是教授他人。通过实践,可以更深刻地领悟知识的本质,同时也能够评估其在现实世界中的效果和价值。

在漫漫人生长河中,学习如一盏明灯,照亮前行的道路,指引我们不断前行。学习不仅是获取知识的过程,更是一个不断充实自身能力储备的旅程。它赋予我们洞察世界、理解人生、解决问题的关键,使我们能够在时代的浪潮中乘风破浪,创造属于自己的精彩。

24. 跨学科融合：拓宽学识边界，洞察世界真相

在知识的海洋中，很多人只是一叶孤舟，随波逐流。然而，当我们学会跨越学科的藩篱，将不同领域的知识融会贯通时，便能构建起一座通往真理的桥梁，以更全面的视角洞察世界。

纵观历史，许多伟大的发现和创造都源于不同学科的碰撞与融合。达尔文的进化论将生物学、地质学和考古学融为一体，揭示了生命演化的奥秘；牛顿的万有引力定律将天文学、物理学和数学完美结合，阐释了宇宙运行的规律。这些伟大的思想不仅改变了人类对世界的认知，更推动了科技和文明的进步。

跨学科融合的魅力在于打破学科壁垒，将不同的知识体系有机整合，形成更加完整、深刻的认知框架。比如，生物学家通过研究植物的光合作用，可以借鉴其原理开发高效太阳能电池；经济学家通过分析社会行为模式，可以预测金融市场的波动趋势；艺术家通过借鉴科学原理，可以创作出更具震撼力的艺术作品。跨学科的视角不仅让我们看到事物的表象，更能洞悉事物的本质，从而产生新的思想和创造性的解决方案。

如今，知识更新迭代的速度越来越快，仅仅依靠传统的学科教育已无法满足现实需求。我们需要不断学习新知识，不断拓展学习领域，将不同领域的知识融会贯通，才能在知识爆炸的时代保持竞争力。

那么，如何通过跨学科融合，不断拓展自己的认知边界呢？

- 主动探索，打破学科界限

平时，我们应勇敢地走出"舒适区"，主动探索未知的领域。比如，关注不同学科的最新动态，参加跨学科的研讨会和讲座，与各行各业的专家进行深入交流。在这样的探索中，我们不仅能够拓宽知识视野，还能激发无限的创造力，找到解决问题的多元视角。

美国物理学家理查德·费曼不仅精通物理学，还对艺术、音乐、生物学等领域有着浓厚的兴趣，并通过跨学科融合取得了令人瞩目的成就。他在研究物理学问题时，会借鉴艺术的审美理念，用艺术的语言来表达复杂的物理现象。他认为，跨学科学习不仅能够拓宽自己的知识领域，更能培养自己的创造力和解决问题的能力。

- 培养批判性思维，寻找知识连接点

我们要学会从多个角度审视问题，深入挖掘不同学科知识之间的内在联系，不能仅仅满足于表面的答案。比如，当我们能够将物理学的精确与艺术的感性相结合，将历史的深度与现代科技的发展相联系时，我们的思维将变得更加敏锐，解决问题的能力也将大幅提升。

同时，要学会寻找知识之间的共通点和关联性，这是构建个人知识体系的关键。也就是说，在学习过程中，不仅要掌握大量的信息，还要有能力将这些碎片化的知识串联起来，形成一个有机的整体。这样的知识体系不仅能够帮助我们理解复杂的现象，还能在面对未知挑战时，为我们提供多角度的解决方案。

- 实践应用，验证知识的价值

将跨学科学习的成果应用于实际生活，解决具体问题，是检验我们学习成效的最佳方式。无论是通过创新项目将艺术与工程相结合，创造出前所未有的产品，还是运用心理学原理改善人际关系，或是利用数据分析技术优化商业策略，每一次实践都是对我们所学知识的一次深刻检验和提升。

跨学科学习不仅是加速个人成长的催化剂，更是我们在这个快速变化的世界中保持竞争力的秘密武器。它让我们突破学科的藩篱，以更全面的视角洞察世界的真相。

25. 摆脱学习焦虑，让知识产生价值

面对日益加剧的竞争，很多人无法摆脱学习焦虑。这种焦虑如影随形，像一只无形的手，时常扼住我们的喉咙，让我们喘不过气。究其原因，学习焦虑的产生并非源于学习本身，而是源于我们对未来的期许和对成功的渴望。

小李在一家科技公司工作，是一名软件工程师。这个行业以快速的技术迭代和激烈的竞争著称。尽管他是一位资深的工程师，但仍然感受到了来自各方面的压力。一方面，他看到了人工智能和机器学习领域的发展前景，担心如果不掌握这些新技术，自己的职业生涯将会受限。另一方面，他每天都要处理大量的工作，几乎没有时间进行深度学习。即使在休息日，他也常常感到不安，担心某天一觉醒来，自己会失去工作。

这种焦虑一度让他陷入了恶性循环：急于学习新技术，但又因时间有限而感到沮丧；想要休息，却又担心休息会让自己失去竞争力。最终，这种持续的焦虑影响了他的健康、工作效率和生活质量。

由此可见，学习焦虑并非单一现象，其背后往往隐藏着两种截然不同的焦虑：知识焦虑和价值焦虑。知识焦虑主要指担心自己无法跟上时代的步伐，害怕遗漏重要的信息或技能，从而在竞争中处于劣势。价值焦虑则是对知识价值的迷茫，即学习了许多知识，却不知道如何将这些知识转化为实际价值，如何在生活中应用。

要从根本上摆脱学习焦虑，一方面要持续学习新知识，另一方面要学有所用。要做到这些，需要对自己进行有效的学习管理。

- 厘清学习的方向

首先要问自己为什么要学习，是为了兴趣爱好，为了职业发展，还是为了个人成长？明确目的后，才能选择合适的学习内容和方法，避免盲目学习带来的焦虑。在制定目标的过程中，要尽可能减少被外界评价左右，选择自己真正感兴趣的领域，并考量自身能力。

明确目标后，为了避免盲目学习，可以制订一个切实可行、包含短期目标和长期目标的学习计划。计划要结合自身情况，设定合理的学习时间和进度，并定期评估执行情况，及时调整计划。

- 掌握方法，高效学习

学习的方法多种多样，每个人可以根据自己的习惯和特点进行选择。比如，可以采用番茄工作法、思维导图、笔记等科学方法来提高学习效率。同时，要学会筛选信息，关注核心内容，避免被海量信息淹没。

不论采用何种方法，学习过程中均需遵循三个原则：从数量转向质量，从广度转向深度，从单纯的记忆转向理解与应用。当我们将所学知识融会贯通，应用于解决实际问题，或是启发新的思考时，知识才能真正发挥它的价值。

- 放松心态，享受学习

当我们放松心态，抛开对学习的恐惧和焦虑，真正用心感受学习内容时，就会发现学习不再是一件苦差事。那么，如何放松心态呢？首先，要把学习看作一种享受，而不是一种负担。学习的过程就像一场探险，充满了未知和挑战，同时也充满了惊喜和收获。我们可以把学习当作一场游戏，享受探索知识的乐趣，以积极的心态迎接每一个挑战。其次，要学会适度休息，劳逸结合。比如，可以利用休息时间进行体育锻炼、听音乐、阅读等活动，放松身心，调整状态，为下一次学习做好准备。最后，要重视自我价值，不要把学习的价值仅仅局限于考试成绩或薪酬待遇上，要认识到学习本身带来的成就感和自我提升。

学习是一场没有终点的旅行。在求知的道路上，要摆脱学习焦虑，必须注重质量而非数量，更加关注实践而非理论，重视内心的平和与快乐，而非一时的得失。

26. 保持好奇心，不满足于表面的解释

"我们必须保持好奇心，好奇心是生存的本质。"在今天信息爆炸的时代，我们很容易满足于表面的解释，而忽略了深入思考。然而，只有保持一颗好奇心，不断追寻更深层的答案，才能真正洞悉事物的本质，实现自我突破。

古希腊哲学家苏格拉底有着深刻的自我认知，这正是源于他旺盛的好奇心。他不断向他人提问，质疑既定的观念，最终开创了西方哲学的先河。

不满足于表面的解释，才能获得真正的理解。当我们面对一个问题时，很容易被简单的答案所迷惑，而忽视了深层的逻辑关系。比如，我们常听到"勤奋的人都能成功"的说法，但事实并非如此。成功需要多方面的因素，包括天赋、机遇、策略等。只有深入分析不同因素之间的互动关系，才能看清成功的底层逻辑。

阿尔伯特·爱因斯坦，这位20世纪最伟大的科学家之一，其一生的成就无疑是对保持好奇心和不满足于表面解释的最佳诠释。在他小的时候，一次偶然的机会，父亲给他展示了一个罗盘。当罗盘在手中旋转时，指针始终指向北方。这个简单的现象激发了爱因斯坦对自然法则的深深好奇，他开始追问："为什么地球的磁场可以影响这么小的一个物体？"这个问题，以及对"为什么"的不断追问，成为他一生科学研究的起点。

随着年龄的增长，爱因斯坦的好奇心并未消减，反而日益增强。他对

牛顿的经典力学提出了质疑，尤其是对光速不变性的探索，最终导致了相对论的诞生。这一理论彻底颠覆了人们对时空的传统认知，开启了现代物理学的新纪元。

好奇心并非与生俱来，而是需要后天培养。保持一颗好奇心，需要我们不断学习，不断探索，勇于挑战既定的认知。我们可以通过阅读、旅行以及与不同的人交流等方式，扩展我们的知识面，丰富我们的视野。同时，我们也要学会独立思考，敢于提出问题，质疑权威，不断寻求新的答案。

在平时的学习与生活中，我们该如何培养好奇心，以探索的姿态面对困难和挑战，从而不断实现自我突破呢？

- 养成提问的习惯

不论是日常琐事还是复杂理论，都应保持"为什么"的态度。比如，当你读到一篇文章时，不妨问问自己："作者的观点是什么？他是如何支撑这一观点的？有没有其他的可能性？"通过不断提问，我们能够挖掘出知识的深层含义，培养批判性思维，进而形成独立的见解。

- 学会跨学科思考

单一学科的知识如同一片叶子，而跨学科思考则能让我们拥有一整棵树的智慧。广泛阅读、涉猎不同领域的书籍和资料，可以开阔我们的视野，迸发创新的火花。比如，将艺术与科技结合，可能会发现全新的创作方式；将历史与心理学融合，可以帮助我们更深刻地理解人类行为。跨学科思考不仅丰富了我们的知识结构，还能让我们在遇到问题时，从多角度寻找解决方案，提升问题解决的灵活性和创造性。

- 定期反思总结

反思是学习的催化剂，它能帮助我们将经历转化为智慧。定期花时间回顾自己的学习和生活，思考哪些做得好，哪些可以改进。比如，每周或每月写一篇总结，记录下自己的感悟和心得。这样的反思过程能够帮助我们从经验中提炼出规律，从失败中找到教训，从而在未来的挑战面前更加从容不迫。

- 深入背后原理

要想真正掌握一门学问，就要像科学家一样，追根溯源，探究事物的本质。比如，学习一项新技术时，不仅要了解其操作方法，更要探究其背后的科学原理和技术逻辑。这种深度探究能够让我们在面对复杂问题时，有更坚实的理论基础，从而做出更加准确的判断和决策。

人生充满未知和挑战，但正是如此，才让生命充满无限的可能性。比尔·盖茨曾说："我之所以取得成功，是因为我总是保持一颗好奇心，不断探索新的事物。"保持好奇心，不断学习，不断探索，不满足于表面的解释，勇于挑战既定的认知，方能真正洞悉事物的本质，实现自我突破。

27. 培养创新思维，求"新"才有更多机会

创新思维，简言之，就是以新颖、独特的方式解决问题的能力。它不仅是对现有事物的改进，更是一种全新的视角和思维方式。在历史的长河中，每一次伟大的变革，无不源于创新思维的火花。

今天，是否拥有创新思维是衡量一个人或组织核心竞争力的重要标准。在企业层面，拥有创新思维的人往往能够提出更具创意的解决方案，提高工作效率，推动产品和服务的创新。在个人层面，创新思维能够帮助个体在职业生涯中持续成长，适应不断变化的工作环境，实现自我价值。

在我国古代，有一位被誉为"木工之祖"的伟大工匠——鲁班。他的许多发明创造至今仍被广泛应用，其中最为人所称道的莫过于锯的发明。

相传，有一次鲁班在山林间行走时，不慎被一种植物的叶子划破了手指。这个看似意外的小伤，却激发了鲁班的好奇心。他仔细观察那片叶子，发现其边缘布满了细小的锯齿。这不经意的发现，让他联想到了木材加工中的难题——如何更有效地切割坚硬的木材。鲁班深受启发，开始尝试模仿这种自然界的锯齿结构，制作出了一种新型工具。

经过反复试验和改进，鲁班终于发明了锯。最初的锯是由铁片制成，边缘刻有类似于植物叶片的锯齿。这种工具大大提高了木材切割的效率，减轻了工匠们的劳动强度，极大地促进了古代建筑和家具制造业的发展。

锯的发明不仅体现了鲁班敏锐的观察能力和创新思维，更彰显了人类

从自然界中汲取灵感、解决实际问题的智慧。

托马斯·爱迪生说："天才就是1%的灵感加上99%的汗水。"在这个瞬息万变的世界，仅有汗水是不够的，我们还需要那一份灵感，那一点创新的火花。那么，如何增强自己的创新灵感或思维呢？在学习中，要着重把握三个原则。

- 广泛涉猎，拓宽视野

创新需要知识的土壤。我们不能局限于自己的专业领域，要广泛阅读，涉猎不同学科，这样才能在知识的交汇点上发现新的灵感。

试想，当物理学家的严谨逻辑遇上艺术家的浪漫情怀，当历史学家的深邃洞察碰撞未来学家的前瞻视角时，会擦出怎样的思想火花？这些看似不相关的领域，在创新思维的引领下，往往能编织出一幅幅令人惊叹的图景。因此，不要让你的专业成为你的枷锁，而应让它成为你探索世界的起点。阅读一本好书，参加一场讲座，或是与不同领域的朋友进行深入交谈，都能为你的创新之旅增添意想不到的色彩。

- 实践探索，敢于尝试

创新之路充满了不确定性和风险，只有那些敢于迈出第一步的人，才能最终品尝到成功的果实。正如托马斯·爱迪生所说："我并没有失败，我只是找到了一万种行不通的方法。"不要害怕失败，更不要因为害怕失败而止步不前。每一次尝试，无论成败，都是你成长的宝贵财富。当你将想法付诸实践时，你会遇到挑战，你会犯错，但正是这些经历，会让你更加深刻地理解问题的本质，从而找到解决问题的新方法。记住，失败并不可怕，可怕的是失去再次尝试的勇气。

- 吸收多元观点，激发思维碰撞

一个人的智慧有限，一群人的智慧无穷。在学习过程中，不应独自前行，而应积极寻求与他人的合作与交流。与来自不同背景的人交流，不仅能拓宽你的视野，还能激发你未曾触及的思考角度。每个人的经历和观点都是独一无二的，当这些多元的声音汇聚在一起时，更容易激发出创新的火花。比如，参与团队项目，加入兴趣小组，甚至在社交媒体上发起话题讨论，这些都是进行多元交流的有效方式。古语有云："不积跬步，无以至千里。"因此，不要忽视任何一次交流的机会，因为你永远不知道，哪一次对话、哪一个观点，会成为你下一个伟大创意的起点。

在不断变化的世界中，只有不断培养创新思维，才能保持竞争力，才能走得更远。

28. 刻意练习你想具备的技能，重复正向循环

刻意练习不同于日常的重复性练习，它是一种有目的、有挑战性、专注且持续的训练方式，旨在突破个人能力的极限，实现技能的飞跃式提升。

我们常说"熟能生巧"，但仅仅依靠重复练习，却无法真正提升技能。刻意练习的核心在于打破"舒适区"，挑战自我，并通过刻意练习，将原本"无法做到的"变成"可以做到"。

莫扎特，这个名字几乎成了音乐天赋的代名词。然而，莫扎特之所以能成为音乐史上的一位大师，不仅仅因为他天生的音乐才能，更重要的是，他从小接受的严格音乐训练，以及他本人对音乐的热爱与不懈追求，这些都是刻意练习的生动体现。

莫扎特的父亲利奥波德·莫扎特是一位颇有成就的音乐家。从莫扎特很小的时候开始，利奥波德就对他进行系统的音乐训练。在莫扎特的成长过程中，刻意练习占据了他生活的大部分时间。他每天都要花费数小时练习钢琴，不断演奏各种曲目，从简单的练习曲到复杂的协奏曲，无一遗漏。此外，他还被要求创作音乐，这不仅锻炼了他的作曲技巧，更培养了他的音乐想象力和创造力。莫扎特的早期作品就是在这样的刻意练习中逐渐成熟起来的。

莫扎特之所以能够成为一代音乐大师，很大程度上得益于他从小接受

的严格音乐训练，以及他本人对音乐的热爱和对卓越的不懈追求。刻意练习不仅塑造了他的音乐才能，还铸就了他坚韧不拔的性格，使他在音乐的道路上越走越远。

可见，即便是天赋异禀的天才，也需要通过持续不断的刻意练习，才能将潜在的能力发挥到极致。刻意练习不仅适用于音乐家、运动员，也同样适用于任何希望在特定领域内提升技能的人。

刻意练习为什么有效？其底层逻辑在于：建立一个正向循环的机制，即设定目标—刻意练习—评估反馈—调整计划。这样，每一次的练习，都是对自我的一次挑战与超越；每一次的进步，又会激发我们更大的热情与动力，促使我们去追求更高的目标。这种循环，就像滚雪球一般，越滚越大，最终汇聚成一股强大的力量，推动我们不断向前。

在学习或训练某些技能时，为了提升刻意练习的效果，我们可以尝试建立类似的循环来驱动个人成长，方法如下：

首先，分阶段设定目标。将目标分解成更小的、可操作的步骤，这是因为大脑在面对复杂任务时更容易处理小步骤。每个小步骤都是对目标的一次细化，通过逐一克服小困难，最终达到整体目标。

其次，专注练习。在练习过程中，需要将全部注意力集中在当前的任务上，不受外界干扰。比如，在练习时，可以关闭手机和电脑上的通知，避免被信息打扰；或者选择一个安静的角落，远离喧嚣；还可以设置一个明确的练习时间，确保在这个时间内，我们的注意力都集中在练习上。

再次，获取反馈。通过专业人士或同行的反馈，我们可以发现自己难以察觉的问题和不足。及时的反馈能够帮助我们避免无效的努力，精准调整练习方法，确保每一步都朝着正确的方向前进。

最后，反思与迭代。通过反思，可以回顾和分析练习过程中的成功与失败，理解背后的原因，从而不断改进练习方法。这个反思与迭代的过程，使得每次练习都能比上一次更好。

刻意练习是一种有目的、有策略的学习方式,也是快速提升某项技能的黄金法则。它通过反复挑战自我,不断突破技能的边界,最终实现个人成长和技能的升华。在这个过程中,正向循环作为强有力的助推器,帮助我们保持动力,享受学习的乐趣,让每一次努力都成为通往成功的坚实步伐。

29. 跳出"能力陷阱",突破个人发展的天花板

"能力陷阱"是一种自我设限的思维模式,它让我们固执地相信自己的能力界限,并将其作为阻碍成长的壁垒。我们可能会因为害怕失败而拒绝挑战新的事物,因为缺乏自信而放弃追逐梦想,最终陷入安于现状、止步不前的境地。

"能力陷阱"的底层逻辑在于:人们往往倾向于做自己擅长的事情,这会带来短期的成就感和满足感,但从长期来看,会导致个人发展停滞不前。比如,一位优秀的工程师,长期沉浸于技术领域,拥有丰富的专业技能,却缺乏管理和沟通能力,难以胜任更高级别的职位。又如,一位经验丰富的销售人员,在传统的销售模式下取得了成功,却固守旧方法,无法适应市场变化。

吴先生在某公司任职,半年前被提拔为部门经理。这次晋升对他来说是一个全新的起点,他满怀信心地准备在新的岗位上大展拳脚。上任后,他每天忙得像个陀螺,能自己办的事绝不麻烦员工。比如,员工生病、请假时,他就亲自顶上去。由于大部分时间忙于日常工作,他没有足够的时间进行策略性思考,也没有为部门制订长远的发展规划。上任半年,虽然公司在人员和资金等方面给予了充分的支持,但部门业绩并没有明显提升。在年中考核时,他被评为"不称职"。

在这个案例中,平时吴先生专注于一些具体的业务。晋升后,他的角

色需要从执行者转变为规划者和领导者。然而，他未能及时调整自己的工作方式和思维模式，或者弥补自己的不足。这种"能力陷阱"使他无法从日常琐事中抽身，去思考和制订部门的战略规划，导致他不能很好地适应新的管理岗位。

很多人错误地认为，在某一岗位上积累了一定年限的工作经验后，自然而然就能胜任管理者的角色。然而，管理不仅需要深厚的专业知识，更是一种涵盖人际交往、决策制定、团队建设、战略规划等多方面能力的综合实力。

不论从事什么工作，担任什么职位，只有先跳出"能力陷阱"，才有机会突破个人发展的天花板。那么，如何跳出"能力陷阱"呢？我们应该采取以下几种方法。

- 重新定义你的工作

平时，大多数人倾向于将大量时间投入到他们擅长的事务中。这样做虽然能带来即时的成就感和效率，但从长远来看，却可能限制个人的成长和发展。这种行为背后隐藏着一种认知上的惰性，即习惯于在"舒适区"内操作，而不愿意探索未知领域。

赵先生在电商行业深耕多年，在用户运营和用户分层方面有着丰富的经验。然而，他仍然被列入公司的裁员名单。原因是他的技能过于单一，无法适应公司业务多元化发展的需求。

因此，要突破"能力陷阱"，一定要学会重新定义自己的工作。即便在某个领域达到了专家级别，也不能忽视对新技能的学习，并要跟随市场的变化，培养多元化的技能。

- 先行动，后思考

并不是所有事情都是规划出来的。许多时候，一些事情不必想明白再去做，只要先行动起来，慢慢就会想明白。毕竟，想周全了再做和先做了再去想完全是两码事。想得过多，往往会限制我们的行动。一件事情，先去做了，再去总结经验和教训，梳理详细的思路，往往更高效。如果只有思考，没有行动，就不会有好的结果。

大多数人之所以认为自己目前的能力不足以将其带到下一个需要的位置，主要是因为他们抱持着一种"等想好了再去做"的思维。如果没想好、想不通，就尽量避免行动。

- 拥抱变化，尝试新事物

拥抱变化并尝试新事物，意味着主动跳出"舒适区"。跳出"舒适区"并不意味着盲目地给自己施加压力，制订严苛的成长计划，迫使自己每天都在极限下成长。相反，这是一种更加明智和可持续的方法，它鼓励我们在履行岗位职责的基础上，有意识地探索和承担超出日常职责范围的任务和项目。比如，如果你是一名软件工程师，可以尝试承担一些涉及产品设计或客户交互的项目，以增进你对产品全生命周期的理解。再如，从熟悉的工作领域中选择一个稍微超出你当前技能水平的小项目或任务。

"能力陷阱"是个人成长道路上的绊脚石，然而，它并非坚不可摧的壁垒。通过遵循一系列有效的方法和策略，我们完全有能力避开这一陷阱，打破个人发展的局限，进而塑造一个更加出色的自己。

30. 探寻潜能，唤醒内在的强大力量

每个人都拥有无限的潜能，如同沉睡的巨龙，等待被唤醒。然而，我们往往被各种焦虑、迷茫和自我怀疑所束缚，难以真正认识到自身的强大力量，更谈不上将其转化为行动。

我们习惯于将自己限制在既有的认知框架内，认为"我天生如此，无法改变"。例如，从小学习成绩不佳的学生，可能会给自己贴上"笨拙"的标签，并以此为借口，放弃努力。然而，事实上，潜能并非一成不变。它像一座宝藏，需要我们不断探索和挖掘。

海伦·凯勒是20世纪美国著名的女作家。她在19个月大时因病失去了视力和听力，从此生活在黑暗和寂静中。这样的打击对任何人来说都是巨大的，但海伦·凯勒却通过自己的努力和坚持，探寻并唤醒了内在的强大力量。

在海伦·凯勒刚失去视力和听力时，家人一度陷入绝望。幸运的是，海伦·凯勒遇到了她的家庭教师——安妮·莎莉文。

在安妮的指导下，海伦·凯勒不仅学会了读写，还掌握了多种语言，包括英语、法语、德语、拉丁语和希腊语。她通过触摸感受发音及他人的口型、面部表情和手势，逐渐学会了说话。

海伦·凯勒不仅克服了自身的巨大障碍，还成为一位社会活动家、作家和演说家。她的主要著作有《假如给我三天光明》《我的生活》《我的老

师》等。她在世界各地奔走，为盲人福利和教育事业筹集资金，并把自己的生活经历记录下来，激励了无数人。

她的成就不仅源于安妮·莎莉文的悉心教导，更在于她自身对学习和成长的渴望，以及坚持不懈的精神。这种内在的强大力量使她能够超越身体的限制，激发出巨大的潜能。

潜能并非虚无缥缈的幻想，而是蕴藏在我们内心深处的无限可能。神经可塑性理论告诉我们，人类的大脑不是静态的，它具有惊人的可塑性，能够通过持续的学习和新的体验不断重塑自身的结构和功能。这意味着，无论年龄大小，我们都拥有改变和成长的无限可能。只要愿意投入时间和精力，就能解锁隐藏的潜能，实现自我超越。

唤醒潜能的关键在于打破自我设限，改变认知。以下方法可以帮助我们更好地认识和释放自身潜能。

- 始终保持积极的心态

当面对困难和挑战时，试着用"我可以做到""这是一个学习的机会"来替代"我不行""这太难了"。这些积极的语言不仅能够改变我们对外界事物的看法，还能潜移默化地影响我们的行为和决策。比如，世界著名的篮球运动员迈克尔·乔丹曾说："我可以接受失败，但我不能接受放弃。"这句话体现了积极心态的力量。

- 提高自己的认知高度

认知高度和格局是每个人都具备的，但每个人所能达到的层级是不同的。如果想要提升自己的思维，首先需要拓宽自己的认知边界，提高自己的认知高度。比如，可以涉猎不同领域的书籍和文章，从文学、历史到科学、哲学等；与来自不同背景的人交流，建立更加包容和多元的认知体系；学会质疑和分析一些"权威"信息，而不是盲目接受。只有站得更高，才能看得更远，才能更准确地找到自己的方向和目标。

- 小步快跑，持续进步

唤醒潜能的关键在于行动。行动的力量可以克服恐惧、战胜惰性，最终实现目标。为此，可以将大目标拆解成一系列可实现的小步骤，每完成一步，就给自己一些正面的反馈，比如奖励自己一段休息时间，或者与家人朋友庆祝一下。这种正向循环能够帮助我们建立信心，克服恐惧，持续向前。

- 自我反思与定位

平时，我们需要花时间静下心来，深入思考自己的兴趣、激情所在，以及真正擅长的领域。比如，通过写日记记录自己的日常感悟，参加心理辅导或职业规划课程，与信任的朋友和家人进行深入交流，以期更深刻地认识自己，发现那些可能被忽略的潜能。

爱因斯坦曾说："每个人都是天才，但如果你用爬树的能力来评判一条鱼，它将终其一生认为自己愚蠢。"当我们学会正确地评价自己，认识并唤醒内在的潜能时，就能够像那条鱼一样，在适合自己的"水域"中畅游，展现出真正的自我。

第四章

打开格局，理顺做人的底层逻辑

31. 减少自我关注：别把自己当成世界的中心

我们生来便拥有一个独特的视角，那是以自我为中心的。从婴儿时期开始，世界便围绕着我们的哭喊和需求而转动。如果我们始终将自我置于世界的中心，便会迷失在自我构建的牢笼之中，无法真正与世界连接。

当一个人过分关注自我，甚至完全依赖他人的反应和评价来界定自己的价值时，他就陷入了自我认同的误区。不可否认，许多人的烦恼皆因过度自我关注而产生。一切从自我出发，以自我为中心，是大多数人的通病。因此，如果能减少对自我的关注，也就能相应地减少烦恼。

20世纪70年代，实验心理学家罗杰斯创造了一个经典的范式——"自我参照记忆范式"。他进行了一项实验，在实验中，参与者被要求判断某些词汇，如"傲慢"，是否与自己相符。结果发现，无论答案肯定与否，参与者对这类词的记忆显著增强。

当同样的问题换成询问他人时，记忆效果并未提升。这表明，唯有与自我关联的信息才能激发更深层、更精细的处理，并自动激活注意力。

简言之，自我参照效应揭示，当我们认为信息与自身相关时，其记忆和处理过程会自动加强，显示了自我在信息处理中的核心作用。

因此，我们倾向于构建一个以自我为中心的现实框架。在这个框架中，"我"的一举一动都被放大。"我"的优点被放大，"我"的糗事也被放大。这种现象在生活中随处可见。比如，当别人讲述自己的经历时，我们有时会不经意间将故事与自身联系起来，误以为对方的言论暗含着对我们个人的评价。这种自我聚焦的倾向，即所谓的"聚光灯效应"，让我们在众人面前感到自己的存在异常突出——觉得所有人都在关注自己，都能照顾到自己的情绪，理解自己的想法……其实不然。

这种过度的自我关注，根源在于一种错误的认知：将自我与世界分离。实际上，我们都是世界的一部分，与他人有着千丝万缕的联系。只有减少自我关注，才能真正融入世界，体会生命的真谛。摆脱以自我为中心的思维模式需要不断练习和调整。以下方法可以帮助我们减少自我关注，拥抱更广阔的世界。

- 用他人的视角看待自己

我们时常陷入自己的小世界中，过度关注自我，却忽视了外界的视角。现在，尝试跳出这个框架，用他人的视角来审视自己，或许能为我们带来全新的启示。

试想，如果有一位亲密的朋友站在你的旁边，他会如何看待你的言行举止？他会如何评价你的选择和决策？通过模拟这种外部观察者的角色，可以减少自我关注，更加客观地审视自己的行为和态度。

毕竟，我们的大脑无法同时处理两个念头，一个念头消失后，另一个念头才会兴起。当你站在第三者的视角，不间断地自我觉察时，其他杂念就会逐渐消散。时间一长，你也就不会再深陷于自己的幻想之中。

- 提升共情能力

共情能力，简言之，就是能够深入他人的内心世界，感受和理解他们的情感和需求。这种能力并非天生具备，而是需要我们通过日常的实践和努力来逐渐培养。

尝试从他人的角度思考问题，这不仅是一个思维上的转变，更是一种情感上的共鸣。当我们面对他人时，不妨放下自己的立场和偏见，真心地去体会他们的情感和需求。比如，在与朋友交流时，我们可以试图感受他们的喜怒哀乐，理解他们的困惑和期待。这样，我们的言行就会更加体贴和包容，不再仅仅局限于自己的小世界。

- 平静对待外界评价

我们每天都会接收到无数的评论和反馈，有的像春天的暖阳，给予我们温暖和鼓舞；有的却如冬日的寒风，让人的心灵感到寒冷。但别忘了，无论外界的声音多么嘈杂，你才是自己生活的导演。当面对那些刺耳的批评时，试着过滤杂质，留下能滋养心灵的养分，而那些无益的负面言语，就像风中的尘埃，轻轻一拂便散去了。记住，你的价值不在于别人的言辞，而在于你对自己的认知和自身的成长。

我们不是这个世界的中心，但我们是自己的中心。减少自我关注并不是要忽视自身感受，而是要学会将目光放得更远，以更加开放的心态拥抱生活。只有这样，我们才能更好地与他人建立联系，才能让自己融入更广阔的世界。

32. 不必刻意伪装，真诚更容易赢得好感

在人际交往中，我们总是试图展现出最好的自己，渴望得到他人的认可和喜爱。于是，我们戴上各种面具，刻意伪装，试图迎合别人的期望。然而，这种伪装却往往事与愿违。生活不应是一场戴着面具的演出，而是一段发现自我、展现真我的旅程。

莫泊桑在其作品《人生》中写道："不要伪装，呈现真实的自己，这是勇气，更是一种魅力。"这句话触及了人生的一个核心命题：在纷扰的人世间，我们应当坚守自我，不掩藏真实面貌，因为唯有真诚，方能彰显真正的勇气与吸引力。

确实，在快节奏的当下，人们似乎拥有了两张面孔：一张是在公众面前精心雕琢的面具，另一张则是独处时才敢显露的真我。这种两面性，源于外界的期待与内心的挣扎，使得每个人在不同程度上学会了表演，学会了遮掩。这样的生活真的是我们所期望的吗？将真实的个性深锁心底，而对外界展示的却是一个与内心截然不同的形象，你不觉得这样的日子很压抑吗？

真诚是人际交往中最珍贵的财富。真诚意味着坦率、坦诚和真实，意味着我们展现出真实的自我，不刻意掩饰，不虚伪造作。真诚的人会让我们感到舒适、亲近，也更容易让人信服。

春秋时期，晏婴是齐国的名臣，也就是历史上著名的晏子。他身材矮

小,但智慧过人,以直言不讳和忠诚正直而闻名。有一次,晏子出使楚国,楚国国王想借此机会羞辱晏子,以显示楚国的强大。当晏子抵达楚国时,楚国人故意打开一个小门让他通过,意图嘲笑他的身高。晏子机智地回应说:"如果我是访问狗国,自然应该通过狗洞;既然我是来拜访楚国,理应走正门。"楚王听闻此言,不得不下令打开正门迎接晏子,以示尊重。

在宴会上,楚王再次试图羞辱晏子,让侍者带来一名被指控偷窃的囚犯,故意询问此人是否来自齐国,企图以此证明齐国人的品行低下。晏子不慌不忙地解释道:"橘生淮南则为橘,生于淮北则为枳,叶徒相似,其实味不同。所以然者何?水土异也。今民生长于齐不盗,入楚则盗,得无楚之水土使民善盗耶?"这段话巧妙地将问题抛给了楚王,暗示是楚国的环境造成了人的不良行为,而非齐国人本身的品德问题。

晏子的智慧和真诚不仅化解了楚王的挑衅,还赢得了楚国朝臣的尊敬。他没有刻意伪装自己的身份或掩饰自己的智慧,而是坦诚地面对挑战,用智慧和幽默捍卫了国家和个人的尊严。

现实生活中,我们可能会遇到一些不理解我们的人,可能会受到一些伤害。但是,真诚是一种强大的力量,它会让我们赢得真正的友谊,获得内心的平和。因此,待人接物时,还是要尽可能抛弃虚伪的面具,展现自己的真诚。

- 做真实的自己

每个人都有独特的个性和特点,如同世间万物,各具特色。不必为了追求完美而掩盖自己的不足,因为缺陷也是我们的一部分,是塑造我们独一无二的经历和故事的元素。就像一块璞玉,只有展现它天然的纹理和色泽,才能展现其独特的魅力。所以,不要为了迎合他人而改变自己,也不要为了追求完美而掩盖自己的不足。每个人都有自己的个性和特点,重要的是要坦然面对自己,展现真实的自我。

- 勇于表达真情实感

不要害怕表达自己的想法和感受，即使是负面的情绪，也要真诚地表达出来。诚实地表达自我，才能建立真实的人际关系，才能获得真挚的理解和支持。村上春树曾在一次采访中说："我写的东西，都是我内心真实的感受。我不刻意迎合任何人，我只写我自己。"他的坦诚和真挚深深打动了无数读者。

- 保持言行一致

保持言行一致，必须说到做到，遇事要有自己的原则和立场，不必为了迎合他人而说出违心的话或做出违心的行为。言行不一致，就像一座摇摇欲坠的桥梁，看似坚固，却经不起任何考验。比如，你口口声声说着诚实，却在背后说人坏话；你拍着胸脯说"没问题"，却屡屡失言……这样的行为只会降低别人对你的评价。

当然，真诚并不意味着我们毫无保留地暴露自己的缺点，也不意味着我们必须接受所有的批评和指责。真诚是一种智慧，是一种平衡，它需要我们学会在真诚和谨慎之间找到平衡点，既要坦诚待人，又要懂得适度地保护自己。

33. 保持低调，打造受人喜欢的亲和力

在人际交往中，我们常常会听到"亲和力"这个词，它代表着一种令人感到舒服、自然、友善的特质，让人愿意亲近。有亲和力的人不在于外表的华丽或成就的大小，而在于一种平易近人、谦逊温和的处世态度，从而更容易赢得他人的喜爱和尊重。

提起苹果公司，大多数人第一时间想到的可能是史蒂夫·乔布斯。然而，在乔布斯身后，有一位低调且极具亲和力的设计大师，他就是乔纳森·艾维。艾维曾是苹果众多经典产品的设计者，但与乔布斯的高调不同，艾维更倾向于保持低调，专注于设计本身。但艾维的低调并没有削弱他的影响力，反而让他在设计界赢得了极高的声誉。他与团队成员之间的紧密合作，以及对每一个设计细节的精益求精，都展现了他的亲和力和对工作的热爱。

拥有亲和力的人无须张扬，就能自然地吸引他人的注意。他们的言行举止中透露出一种平和与真诚，使周围的人愿意向他们敞开心扉，分享自己的想法和感受。

在现实生活中，有些人喜欢展示自我，渴望成为焦点，甚至会通过各种方式来提高自己的曝光度和知名度。然而，与这种高调张扬的方式相比，保持低调和真诚更能赢得他人的好感。

低调是一种古老的智慧，它强调内敛、谦逊和不张扬，这与儒家文化

中"谦谦君子"的形象紧密相连。君子虽才华横溢，却从不炫耀，而是更注重内在修养和品德的提升。这种低调的态度，不仅是对自我的一种约束，更是对他人的一种尊重。

那我们如何保持低调，打造自己的亲和力呢？这不仅仅是一个简单的行为调整，更是一种综合了态度、言行和情感的深层次策略。

- 展现真实的自我

《你想要活出怎样的人生》中有这样一句话："在这世上，为了在他人眼中显得高尚而装模作样的人太多了，他们最在乎别人眼中的自己，不知不觉就把真正的自己丢在了脑后。"世事复杂，人心变化，若总是考虑别人的评价，就容易忽视自己的想法。习惯藏在面具背后，就会变得不那么真实。其实，生活如时间一样，会公平对待每一个人。我们不必刻意伪装自己，想要更进一步，就踏实努力；有不同想法，就大胆指出问题；若不想继续，就爽快说"不"。

- 倾听比述说更重要

你是否曾注意到，那些在朋友圈中备受喜爱的人，往往不是话最多、声音最大的人？相反，他们或许是那些善于倾听，能够给予他人空间表达自己的人。在日常生活中，我们可能在无意中成了"话痨"，占据了对话的大部分时间，而忽略了周围人的感受和想法。然而，当你退一步，成为一位耐心的听众时，会发现人际关系的温度悄然升高，彼此间也有了更多共鸣。

比如，某个好友正在经历一段艰难的时期，他需要的，可能并非你的建议或解决方案，而是一双安静的耳朵，一个可以倾诉的空间。此时，你的沉默和倾听将成为他最大的支持。这样会让他感受到你的理解与尊重。

- 多分享而非炫耀

当你取得成就或遇到值得庆祝的事情时，应与他人分享你的喜悦，避免过分炫耀。真正的分享是一种连接、一种邀请，它能够让人与人之间的情感更加深厚，关系更加牢固。而炫耀则可能在无意中筑起隔阂，让原本的美好瞬间蒙上阴影。因此，当你庆祝自己的成就时，不妨多一分谦逊，多一分对他人感受的考量，让每一次分享都成为一次增进理解与连接的契机。

- 少计较，多包容

每个人的成长环境和经历不同，这塑造了他们的行为模式和思维方式。当我们遇到与自己观念不合的人时，不妨先放下心中的偏见，试着从对方的角度去看待问题，而不是立即评判或指责。当我们能够站在对方的立场上思考时，就能更好地理解他们的行为，减少因误解而产生的摩擦。

保持低调并打造受人喜欢的亲和力是一种社交智慧，它不仅体现了一个人的谦逊和成熟，也是建立广泛人脉和良好人际关系的基石。记住，无论身处何种境遇，都应保持一颗真诚的心，不虚伪，不掩饰，也不强求，因为岁月会感受到你的诚意。

34. 守住情绪的底线,提防"野马结局"

每个人都像一匹奔腾的野马,渴望在人生的广阔草原上自由驰骋。然而,生命的旅程并非一马平川,而是狂风骤雨、荆棘丛生,稍有不慎,就会跌落谷底,甚至迎来"野马结局"——失去方向,迷失自我,最终走向毁灭。

"野马结局"源于一种自然现象:非洲草原上有一种吸血蝙蝠,它们经常叮在野马的腿上吸食其血液。不论野马如何愤怒、狂奔,仍对这小小的蝙蝠束手无策,最终只能失去生命。

动物学家研究发现,这些蝙蝠吸走的血量其实并不足以致命。野马的真正死因在于它们无法控制自己的情绪。因此,人们将因小事而过度愤怒,最终因他人的轻微冒犯而重伤自己的行为形象地称为"野马结局"。

这一现象在人类社会中屡见不鲜。很多人在遇到令自己不悦的人或事时,常因情绪管理不当而失控,甚至大发雷霆。长期处于这种负面情绪中,不仅会导致各种心理问题和身体疾病,还会严重影响生活质量,极端情况下甚至可能危及生命。

在历史与现实中,因情绪失控而伤身,甚至丢了性命的例子并不罕见。因此,学会妥善管理自己的情绪,避免陷入"野马结局",对我们每个人来说都至关重要。

王大爷酷爱下棋,但因性格急躁,喜欢较真,平时没少与人发生冲突。前段时间，王大爷和一位朋友在公园的凉亭里下棋。在双方难分胜负的时候，一个观棋的年轻人帮对方走了一步："就走这里，这是一步妙棋啊。"那位朋友一个劲儿地摇头："非也，非也。"并且把那个棋子放回了原位。王大爷见状，不干了："你怎么能悔棋呢？"朋友连忙解释："不是我，是旁边的人不小心动了棋子，我只是把它放回原位。"

王大爷认为，对方刚走了一步臭棋，于是不让对方悔棋。双方争执不下，旁边的人劝也劝不住。回到家的王大爷一直闷闷不乐，想到棋局上的那一幕就一肚子气。不久，他感到胸闷、心慌，仿佛有一块大石头压在他的胸口。家人见状，急忙带他去医院检查。

经过一系列详细的检查，医生告诉王大爷，他的心脏并没有任何问题。那么，这些症状究竟是怎么回事呢？原来，当人的情绪长时间得不到宣泄和疏解时，这些情绪就可能在身体上表现出来，导致各种躯体症状。

王大爷恍然大悟。他意识到自己需要学会更好地管理情绪，避免让负面情绪影响自己的健康和生活。

我们身边不乏这样的例子：有些人在事业的道路上一旦遇到阻碍，就从此萎靡不振，沉溺于负面情绪的旋涡中，无法挣脱，最终一事无成；有的人在情感的海洋里受到伤害，就变得心灰意懒，丧失了追寻幸福的决心和勇气，孤独地走到生命的尽头；还有的人在面对生活的重压时，选择逃避现实，沉溺于酒精、电子游戏或其他不良嗜好中，结果如同陷入泥潭，难以自拔。

那如何守住情绪的底线，防止被负面情绪所吞噬呢？

- 培养积极的思维方式

可以尝试将负面想法转化为积极的思考，用乐观的态度去面对问题，相信自己能够克服困难。著名心理学家维克多·弗兰克尔曾在集中营里遭受难以想象的苦难，但他依然保持乐观的心态，用积极的思想战胜了绝望,并最终写下了《活出生命的意义》这本影响无数人的书籍。他告诉我们,即使在最黑暗的时刻,我们也要心存希望,坚信生命的意义。

- 认识并理解自己的情绪

情绪就像一面镜子,反映着我们内心真实的感受。当我们感到愤怒、悲伤、焦虑或恐惧时,不要逃避或压抑,而是要正视它们,了解它们的来源,并分析它们背后的原因。只有认识和理解自己的情绪,才能更好地掌控它们。

- 学会调整自己的情绪

情绪就像一辆高速行驶的列车,一旦失控,后果不堪设想。因此,我们要学会掌控情绪的"方向盘",在情绪波动时,及时采取措施,比如深呼吸、冥想、运动等,来平复情绪,避免冲动行为。或者尽快脱离"战场",比如离开争吵的环境。如果不能离开,也要尽可能让自己平静下来。

- 为情绪找到正确的"出口"

情绪就像一个不断充气的气球,如果我们持续地抑制其中的压力而不给予适当的释放,那么这个气球最终会因承受不住而爆炸。因此,我们需要学会适当地释放内心的负面情绪。比如,找人倾诉心声、通过写作来表达内心的情感,除此之外,绘画和音乐也是极好的情绪宣泄方式。

有一句名言说得好:"情绪就像野马,理智就像缰绳。只有掌握缰绳,才能驾驭这匹奔腾的野马。"希望我们都能成为自己情绪的主人,用理智的缰绳,引导内心那匹野马,向着光明与希望的方向驰骋,无论前方是风雨还是晴空。

35. 过刚易折，能屈能伸是做人的大智慧

人生如逆旅，充满挑战和机遇。在面对人生的起起落落时，我们该如何应对？过刚易折，固执己见，容易碰壁；而能屈能伸，灵活变通，方能化解危机，成就自我。

古人云："木秀于林，风必摧之；行高于人，众必非之。"这句话深刻地揭示了过刚易折的道理。生活中，我们常常见到一些人，固执己见，不善于变通，人生之路越走越窄。过刚易折，这就像一把锋利的刀，虽然能够斩断眼前的障碍，却也容易伤到自己。不论说话办事，我们都应该学会灵活变通，能屈能伸。能屈能伸看似是一种妥协，实则是一种智慧，是对人生的洞察和把握。它就像一株藤蔓，能够随着环境的变化而改变自己的形态，最终攀登到顶峰。

三国时期，刘备在与曹操的争霸中屡战屡败，不得不选择隐忍，最终成就了三分天下的伟业。他的成功，正是因为他懂得能屈能伸的道理，在逆境中不放弃，在顺境中不骄纵，最终获得了成功。

"能屈"是一种深沉的智慧与高尚的风度，它超越了表面的强硬与固执，展现了一种既能审时度势，又能自我调整的成熟态度。在顺境中，它表现为谦逊与低调，提醒我们即使身处高峰，也不忘谦卑；在逆境中，则化为一股坚韧的力量，教会我们在风雨中保全自我，蓄势待发。

梅兰芳是著名的京剧艺术家，有关他的一段佳话，恰如其分地诠释了"能屈"的真谛。有一次，在演出结束后，面对众人的赞誉，他却听到一

位老者的"差评"。梅兰芳来不及卸妆，怀着崇高的敬意，亲自把那位老者接到家中，诚恳地请求对方指点。他深知，真正的艺术需要不断学习与改进。老人说："阎惜姣上楼和下楼的台步，按梨园规定，应是上七下八，先生为何上八下八？"梅兰芳顿悟，连声道谢。从那之后，梅兰芳经常请这位老先生观看他的演出，并虚心求教。

梅兰芳的这一"屈"，绝非软弱或自我贬低，而是一种超越常人的胸怀与智慧。无论成就如何辉煌，他始终保持一颗谦卑的心，对艺术的追求永无止境。这种态度，不仅让他在艺术的道路上越走越远，更赢得了同行与观众的广泛尊敬。

"能屈"之道，教会我们在面对赞誉与批评时，能保持一颗平和的心。它让我们明白，真正的强者不会因一时的荣辱而动摇，他们懂得在顺境中保持谦逊，在逆境中积蓄力量。如此，无论面对何种挑战，都能宠辱不惊，以不变应万变，最终成就一番伟业。

与"能屈"相比，"能伸"更多地体现了在适当时候展现自己的能力、把握机会和主动进取的精神。当一个人时刻保持挺直腰板、身正无畏的姿态时，他并不是趾高气扬、目中无人，而更多的是在困境中坚持自我。这样的人能够以从容不迫的姿态，面对生活中的每一次起伏。

"能屈能伸"是两种看似对立，实则互补的智慧。在人生的道路上，我们既要学会在逆境中隐忍，保存实力，又要懂得在机遇来临时果断出击，把握时机。这种智慧的融合要求我们具备高度的自我认知，能够清晰地了解自己的优势与劣势，同时具备审时度势的能力，能够在复杂多变的环境中做出最有利于自身发展的选择。

在日常生活中，无论是面对职场的竞争、人际关系的处理，还是个人目标的追求，我们都可以运用能屈能伸的智慧。在与人交往时，学会适时退让，以和为贵，避免不必要的冲突；在面对困难和挑战时，保持坚韧不拔，寻找解决问题的最佳方案；在机遇面前，勇于担当，抓住机会，全力以赴。

36. 识破"委屈"的底层逻辑，摆脱"受害者心态"

在每个人的人生剧本中，难免会遇到令人心痛的章节：那些被误解的瞬间、被忽视的时刻，以及受到伤害的场景，如同锋利的刀刃，切割着我们柔软的心灵。在这些痛苦的体验面前，有的人或许会不自觉地产生"受害者心态"，觉得自己承受了不该承受的委屈。

受害者心态，也被称为受害者心理或受害者模式，是指个体在面对困难、挫折或失败时，倾向于将责任归咎于外部因素，而不是从自身寻找原因的一种心理状态。持有这种心态的人往往会认为自己是不幸事件的无辜受害者，认为是别人的错误导致了他们的现状。

在我们的身边，80%的人在某一时刻都产生过"受害者心态"。一个人一旦产生这种心态，他会认为自己很委屈，整个世界都抛弃了他，每个人都对他不够好，自己一直在被伤害。委屈的根源在于，我们对现实的预期与实际情况之间产生了巨大的落差。我们期待他人理解我们的想法、满足我们的需求、给予我们应有的尊重，然而现实却往往与我们的期待大相径庭。这种落差感让我们感到失望、愤怒，最终演变成委屈的情绪。

在这个世界上，光明与阴影总是相伴而生，正如白昼与黑夜的交替，是自然界恒久不变的法则。古人云："人生不如意事十之八九。"这不仅是一句对人生常态的描述，更是一种对生命本质的深刻洞察。许多时候，你不想吃这样的苦，就一定要受那样的罪；要避免做某件事的烦恼，就无法享受它带来的快乐。

面对生活的种种不易，不妨换个角度去看待。正如古人所言："不经一番寒彻骨，怎得梅花扑鼻香。"不要心生抱怨，总是一副受害者的模样。

在外人看来，张女士是一位幸福的女性，丈夫事业风生水起，孩子们聪明可爱。然而，她的内心却饱受煎熬，经常满腹牢骚。为了家庭，她毅然决然地放弃了原本的事业，做起了全职太太。即便如此，她的付出似乎并未得到家人的认可。

她经常向朋友倾诉自己的苦闷：抱怨丈夫经常责备她缺乏进取心，孩子们也对她不屑一顾。她觉得自己为家庭的付出被全然忽视，丈夫和孩子都像是"白眼狼"，全世界都亏欠她。在诉说这些时，她的情绪愈发激动，仿佛一座即将爆发的火山。

在抱怨的同时，她并未意识到自己对现状负有一定的责任。她所陷入的困境，其实在很大程度上是她自己选择的结果。更为关键的是，她一直在无意识地重复着"受害者模式"，这种模式正逐渐摧毁她的幸福感。

在现实生活中，许多人都有着与张女士相似的遭遇。他们在面对生活中的挑战时，不自觉地扮演了"受害者"的角色，从而让自己陷入更深的困境。比如，我们辛辛苦苦完成了一个项目，却得不到领导的认可，甚至被批评指责。我们期待领导能够看到我们的努力和付出，给予我们应有的赞赏，然而现实却让我们感到无比沮丧。

"受害者心态"不仅会阻碍我们寻找解决问题的方法，还会让我们在不断抱怨中失去对生活的热情和信心。那么，如何才能摆脱"受害者心态"，从"受害者"转变成"掌控者"呢？

- 从小事做起，建立对事物的可控感

要摆脱"受害者心态"，应从小事做起，增加对小事的可控感，逐渐建立自信。比如，每天做五个俯卧撑，每天读书一小时，每天自己下厨做饭，等等。当建立自信后，再主动做更多、更重要的事，并对每一件事的结果全权负责。当我们对事物有掌控感后，就会更自信，更愿意对自己负责。

- 调整预期，学会接受

这个世界并不是完美的，也无法总是按照我们的想法和期待运转。很多时候，事情的发展并不如我们所愿，这时要学会以平和的心态去面对，不要过度执着于自己的预期。要培养一种弹性思维，以开放和适应性的态度来处理生活中的不确定性，从而减少挫折和失败带来的负面影响。

- 列一份感恩清单，大声念出来

感恩是人类最美好的情感体验之一。给自己列一份感恩清单，不断强化感恩的念头。比如，感恩清单可以包括以下内容：家人的支持与关爱、健康的身体、朋友的陪伴、学习的机会、大自然的美丽、工作与成就、困难与成长、未知的惊喜等。每天花几分钟时间，大声朗读或默默回顾自己的感恩清单，这能够帮助我们保持积极的心态，提醒自己生活中有许多值得珍惜和感激的事物。

"受害者心态"就像一个牢笼，将我们囚禁在自怨自艾的泥潭中，阻碍我们前进的步伐。它让我们变得消极、被动，失去面对困难的勇气和决心。从现在起，不要再扮演"受害者"了。在这个世界上，能救你的只有你自己。真正的解放，来自内心的觉醒——当你不再将自己视为外界环境的牺牲品，而是不断地滋养自己时，你会发现，你就是自己生活的创造者，是自己情绪的主人。

37. 不要时刻锋芒毕露，学会韬光养晦

我们都曾思考过这样一个问题：究竟什么才是一个人顶级的修养？年少时，我们或许会误以为那就是锋芒毕露的状态。然而，随着阅历的积累，经历了一些挫折与教训之后，我们会逐渐领悟，真正的底蕴与修为，往往来源于那些默默无闻的积淀，是那些日复一日的踏实努力，让我们有了立足于世的根基。

有句古话说得好："树大招风。"在人际交往中，过分张扬的个性与成就，有时反而会引来不必要的嫉妒与阻力。因此，智者懂得"藏锋"，在适当的时机展现自己的才华，而不是一味地炫耀。这种智慧不仅能够保护自己免受无端的攻击，还能在关键时刻，以最合适的方式绽放光芒，赢得他人的尊重与认可。

一个内心真正富足的人，往往不会热衷于表面的炫耀。他们更倾向于将成就和光芒深藏于心，而非广而告之。真正的学识与深度，如同深海之珠，无须张扬，自有一股沉静的力量，吸引着那些同样拥有慧眼的人。"炫耀自己的才华，只会让人觉得你是一个肤浅的人。"

过于显露锋芒，可能会招致他人的嫉妒与防备，给自己带来麻烦。相比之下，韬光养晦，即在适当的时机展现自己的实力，不仅能够避免成为众矢之的，还能保持内心的平和与宁静。

在中国古代，韬光养晦是一种智慧，也是一种生活态度。据《旧唐书》

记载，唐宪宗的第十三子李忱在尚未登上皇位时，曾梦见自己骑龙升天。为了避免潜在的危险，他的母亲教导他装傻扮愣，以此来隐藏自己的真实意图与野心。这里的"韬光养晦"并不仅仅是简单的隐匿，而是一种深谋远虑的战略，意在保护自己，避免遭受他人的算计。

在生活中，总是存在一种自视颇高的人，他们锐气旺盛，锋芒毕露，行事风格直截了当，言辞犀利，往往将自身的才华与智慧展露无遗。即便他们光芒四射，但这种处世风格却时常让他们在人生路上遭遇意想不到的坎坷与挫折。

在汉代，有一位才华横溢的人物，名叫贾谊。他自幼聪颖，读书过目不忘，因此在家乡声名鹊起。吴公，当时任职河南太守，听说贾谊很有才华，便将其纳入麾下。汉文帝即位之初，吴公凭借其治理有方的政绩，加之曾师承李斯，被汉文帝委以廷尉之重任。在汉文帝面前，他极力推荐贾谊，赞赏他博学多才。深受感动的汉文帝随即任命贾谊为博士。

当时，贾谊才二十多岁，才智过人，连一些年长的大臣都自愧不如。汉文帝非常赏识他，于是破格提拔他为太中大夫。

贾谊主张改革历法、服饰、制度等，提出汉朝应崇尚黄色，并设计新礼仪制度。这引起朝中重臣不满，导致汉文帝不再采纳其建议，只任命他为长沙王太傅。

如果贾谊能够韬光养晦，稍微收敛自己的锋芒，更加谨慎地处理与朝中重臣的关系，或许他会有更好的发展前景。韬光养晦并不是要隐藏自己的才华和能力，而是要学会在适当的时机展现自己，同时也要懂得在必要的时候保持低调，这样可以减少人际关系的摩擦。

在《道德经》中有这样一句话："鱼不可脱于渊，国之利器不可以示人。"有些东西是应该保留和保护的，不宜轻易展示给他人。无论是说话还是办事，真正的实力并不需要通过炫耀来证明。相反，过于频繁地展示自己，只会暴露自己的底牌或招来麻烦。

第四章 打开格局，理顺做人的底层逻辑

38. 掌握"取舍"的底层逻辑，寻找人生最优解

我们时常会面临各种选择，小到每日的饮食安排，大到职业规划。每一次的抉择，都是对个人价值观、目标和资源的一次重新评估。掌握"取舍"的底层逻辑，能帮助我们找到做事的最优解。

那什么是取舍的底层逻辑呢？从本质上看，取舍是一种资源分配、优先级设定以及目标聚焦的决策过程。从个人层面来看，一个人可以利用的资源毕竟是有限的，而需求和目标往往是多元且可能相互冲突的。因此，有效的取舍是实现目标、优化资源和提高效率的关键。为了更快地找到做事的最优解，在取舍时必须厘清四个基本逻辑。

- 资源有限，需求无限：取舍的必然性

人类的资源是有限的，无论是时间、精力、金钱还是机会，都无法无限获取。然而，我们的需求却是无限的，我们渴望拥有更多的知识、财富、自由以及一切美好的事物。这种资源有限与需求无限的矛盾，催生了取舍的必然性。

比如，当我们面临多个学习机会时，有限的时间和精力无法让我们同时精通所有领域。我们只能选择最感兴趣或最具价值的领域进行深入学习，而放弃其他。同样，当我们面对多个工作机会时，有限的精力只能让我们选择一个最适合自己的，而放弃其他。

- 价值判断：取舍的根本依据

取舍的核心在于对事物价值的判断。我们必须根据自身的目标、价值观和现状，对每个选择进行评估，并对其带来的收益和成本进行权衡。选择价值更高的，放弃价值较低的，这就是取舍的根本依据。

假如你要成为一名作家，你可以选择投入大量的时间和精力创作小说，也可以选择花时间学习写作技巧。前者能够带来创作的满足感，而后者则能够提高写作水平。两者都具有价值，但根据个人的目标和现状，最终的选择将会不同。

- 认知局限：取舍的客观限制

每个人的认知能力都是有限的，无法完全掌握所有信息并做出完美的选择。我们只能根据有限的认知以及对未来的预测进行选择。这种认知局限性会导致选择上的偏差，也会成为取舍的客观限制。比如，一个学生在填报大学专业时，可能会根据自己的兴趣爱好进行选择，却忽略了未来的就业形势。最终，他可能会发现自己所选择的专业其实并不适合自己，而且就业形势也不是很好，从而造成人生的遗憾。

- 机会成本：取舍的深层逻辑

取舍的本质是选择一种可能性，放弃其他可能性。而放弃的可能性，就是机会成本。机会成本是指为了得到某种东西而必须放弃的其他东西的价值。比如，选择了甲，就意味着放弃了乙，这就是机会成本。

面对多个选择，我们不仅要考虑每个选择带来的收益，还要权衡每个选择所付出的代价。机会成本是不可见的，但它却是做出明智决策的重要依据。

如何权衡得失呢？首先，要对每个选择进行评估，分析其带来的收益和代价。收益是指选择带来的正向影响，代价是指选择所付出的成本。其次，要将每个选择的收益和代价进行比较，选择收益最大化、代价最小化的方案。比如，一个人面临两种工作选择：一份薪资高但工作强度大，另一份薪资低但工作轻松。他需要权衡高薪带来的物质收益与工作强度带来的精神压力，以及低薪带来的低收入与工作轻松带来的身体舒适。最终，他需要根据自己的价值观和目标，选择最适合自己的方案。

由此可见，取舍并非简单的选择题，它融合了理性分析、情感智慧以及对未来趋势的洞察。只有深入理解了上述关于取舍的基本逻辑，才能权衡利弊，并在风险与回报之间找到平衡点，进而做出最明智的选择。

39. 让步不是投降，看懂"妥协"的底层逻辑

在生活的棋盘上，我们每个人都是棋手，面对着不同的对手，进行着一场场没有硝烟的较量。有时，我们会遇到僵局，前进的道路似乎被阻塞。这时，一个聪明的棋手会选择妥协。妥协不是投降，而是一种更高明的策略，一条通往胜利的另类路径。

在篮球巨星迈克尔·乔丹的职业生涯早期，他凭借惊人的天赋和个人能力，在球场上肆意得分。尽管乔丹个人的表现堪称完美，但在最初的几年里，芝加哥公牛队的战绩并未如预期般辉煌。后来，乔丹意识到，篮球终究是一项团队运动，个人的辉煌无法替代团队的荣耀。他开始调整自己的比赛风格，从一个单纯的得分机器，转变为一个真正的领袖，一个懂得牺牲个人数据，以球队整体利益为先的球员。

于是，他开始更多地与队友配合，利用自己的吸引力为队友创造机会，同时也加强了自己的防守和篮板球能力，成为场上的全能战士。从1991年开始，芝加哥公牛队在乔丹的带领下，进入了一个属于他们的王朝时代。他们曾6次闯入美国职业篮球联赛总决赛并夺冠，创造了篮球史上辉煌的篇章之一。乔丹本人也多次荣获"最有价值球员"以及"得分王"等荣誉，成为无可争议的"篮球之神"。

由此可见，乔丹的"妥协"并没有削弱他的光芒，反而让他成为一个更加全面、更具影响力的球员，进而成为篮球史上的传奇，并带领球队多

次夺得联赛总冠军。

妥协有时是一种深邃而优雅的智慧,它超越了狭隘的胜负观念,展现出更高层次的处世哲学。妥协要求我们具备开阔的视野和灵活的思维,能够在看似对立的利益之间找到平衡点,从而实现共赢。

- 通过妥协来凝聚共识

妥协不仅是一种解决分歧的手段,更是一种团队合作的智慧。特别是在职场与团队合作中,面对意见不合时,真正的智者会以大局为重,通过妥协来凝聚共识,调动团队的积极性,共同推动项目的进展。这种智慧能够让团队成员在尊重与理解的基础上,发挥各自的长处,形成合力,创造出超出个人能力范畴的成果。

- 有底线地做出让步

在需要妥协时,要保持个人原则和尊严,不盲目牺牲自我,应在一定界限内做出合理的让步或承担后果。这是一种成熟且负责任的态度,它融合了勇气、智慧和自我价值的坚守。需要注意的是,在让步时,要保持灵活性和开放性。不要过于固执己见,而是要根据实际情况调整自己的立场和期望。同时,也要尊重对方的意见和需求,寻求双方的共同点和平衡点。比如,在商业谈判中,需要灵活地调整自己的底线,以适应不同的情况和需求。

- 寻求双赢解决方案

尝试找到让双方都能接受的解决方案,而不是仅仅追求自己的利益最大化。探索是否有第三种选择,即既不是你的,也不是对方的最初立场,但能被双方接受。在这个过程中,需要摒弃传统的"赢输"思维模式,转而追求"双赢"的结果。比如,夫妻之间经常会因为家务分配问题产生分歧,如果双方都只考虑自己的舒适和便利,可能会一直争吵下去。如果他们能够寻求双赢的解决方案，如制订一个公平合理的家务分工计划，可能会减少许多分歧。

综上所述，设定底线并非意味着一成不变、毫无妥协的余地。底线的确立旨在明确我们的核心利益和需要保护的价值，以及我们愿意为之付出的成本。另外，在坚守底线的同时，我们也应理性思考：在哪些环节上可以适度退让，哪些环节则是我们的坚守之地。换言之，当需要灵活应变时，应学会理性妥协，以此实现双赢，或为日后更大的收益奠定基础；在必须坚守的阵地上，要构筑起坚不可摧的防线。

第五章

提升"段位",弄清做事的底层逻辑

40. 建立结果逻辑，做事要奔着"结果"去

我们常说，目标是方向，结果是目标的最终体现。然而，仅仅设定目标是不够的，更重要的是要建立结果导向，将目标分解成可执行的步骤，并不断调整行动方向，最终达成目标。

不少人做事往往陷入"过程陷阱"，过多关注过程而忽略了最终结果。比如，有些人花费大量时间学习各种技巧，却忽略了实际应用，最终难以取得长足的进步。建立结果导向，意味着要将注意力集中在最终目标上，并将所有行动都与目标紧密联系起来。这样，才能避免"盲目忙碌"，提高行动效率。

刘先生是一家公司的资深员工，他每天早到晚走，平时遇到紧急项目，总是冲锋在前，甚至经常加班至深夜。虽然他为公司付出了许多，但还是"意外"地收到了辞退通知。

当时，这件事在公司内部引起了不小的波澜。许多人为他鸣不平，认为他虽然没有出类拔萃的能力，但一直以来都勤勤恳恳，任劳任怨。"没有功劳也有苦劳"，他们觉得公司如此无情地辞退他，实在有些不近人情。

面对同事们的质疑和不解，公司管理层给出了他们的解释：虽然刘先生一直以来都很努力，但他没有为公司做出应有的贡献。在多次项目评估中，他的表现都未能达到公司的预期标准。

在职场中，要想立足并获得认可，就必须始终以结果为导向。勤奋和

努力固然重要，但结果才是最终的评判标准。如果你付出了很多努力，却没有取得预期的结果，那么这些努力就很难被认可。

所以，不要一味地忙碌，陷入一种"自我感动式"的假象中。在埋头苦干的同时，一定要注重结果导向。

- 明确目标，锁定"结果"

试想，你正在玩一款游戏，你一定清楚地知道你要击败谁。这需要你积累经验值，升级角色，搜集装备，组建团队，每一步都朝着那个终极目标前进。同样，在现实生活中，无论是职业发展、个人成长，还是家庭幸福，我们也需要设定明确的目标，也就是我们想要达到的结果。这些目标可以是短期的，也可以是长期的，但最重要的是，它们必须足够清晰，足以指引我们前进的方向。

- 制订计划，拆解"结果"

一旦你锁定了目标，即明确了你想要达到的"结果"，下一步便是制订一份详尽的计划，将"结果"拆解为一系列具体的、可操作的步骤。比如，将主要目标细分为一系列较小的、更易于管理的子目标；为每个子目标设定明确的截止日期；针对每个子目标，详细列出你需要采取的具体行动；评估实现每个子目标所需的资源，包括时间、金钱、人力和技术等。

- 行动起来，朝着"结果"去

行动是连接目标与现实的桥梁，没有行动，再好的计划也只是空中楼阁。在行动时，要注意三点：一是立即启动。不要等到条件完美才开始，因为这样的时刻可能永远也不会到来。二是设定优先级。在众多任务中，确定哪些是最重要的，哪些需要最先完成。三是保持专注。这可能意味着需要关闭手机等电子设备上不必要的通知，设定工作时间，或者在特定的时间段内只做一件事。

- 及时复盘，优化"结果"

养成及时复盘总结的习惯，能让我们避免偏离目标、陷入无效忙碌之中，还能使我们在客观条件发生改变时，及时调整既定计划，保持行动的灵活性。

某大学曾进行过一项关于蚂蚁的实验，研究发现：大多数蚂蚁忙碌地搬运食物，而少数"懒蚂蚁"看似懒惰，实则在不断观察与思考。当食物位置改变时，"懒蚂蚁"迅速引领蚁群找到新的食物源。可见，"懒蚂蚁"们行为上的懒惰只是表象，其实它们的大脑一刻也没有闲着。

在职场和生活中，我们也应该像那些"懒蚂蚁"一样，勤于思考，及时复盘，以优化我们的成果，实现更高效、更有价值的行动。

当然，注重结果逻辑，并非要忽视过程，而是让过程更有方向感、更高效。当你学会用"结果"来引导你的行动时，你会发现，每一步努力都变得更有意义，每一次尝试都让你离成功更近一步。

41. 尊重客观规律，让自己顺势而为

世间万物皆有规律可循，从春夏秋冬的更替到潮涨潮落的规律，无不昭示着自然界的秩序。比如，河流总是选择阻力最小的路径流向低处；树木的根系深扎土壤，枝叶向阳生长；在农业生产中，顺应季节变化和农作物生长规律，合理安排种植时间和方式，才能获得丰收。这些现象背后隐藏着一个共同的逻辑——顺应自然法则，而非盲目抵抗。

在古代，远洋帆船总是在等到契合其目标航向的海风时，才会扬帆起航，一路顺着风向，迅速且径直地驶向目的地。而在无风或者风向不适宜的时候，它们总会停靠在港口，进行修补船帆、加固船体、补充给养之类的工作。等到适宜的海风再度吹拂之时，便是它们再次于波涛中奋勇前行的时刻。这样极为质朴的操作，其实蕴含着一种莫大的智慧，那便是顺势而为。

历史上的诸多案例都证明了顺势而为的力量。相反，违背客观规律，强行逆势而为，往往会遭遇挫折和失败。

在遥远的三皇五帝时期，黄河流域遭受着洪水的肆虐，百姓苦不堪言。尧帝起初任命鲧负责治水这项艰巨的工作。鲧采取了堵截（修筑河堤）的策略来治理洪水。他不辞辛劳，耗费了大量的人力、物力和时间，然而，整整9年过去了，洪水的问题依然没有得到有效的解决。

鲧治水失败后，治水的重任落到了他的儿子禹的肩上。禹认真总结了

底层逻辑
个体实现自我突破的一整套思维框架

父亲治水失败的惨痛教训，毅然摒弃了"堵截对抗"洪水的错误方法，转而采用疏导的方式来治水。

他通过实地考察，深入了解山川地势的走向。他深知水往低处流这一自然趋势，巧妙地因势利导。通过疏通河道、开山导流、拓宽峡口等一系列明智的举措，将汹涌澎湃、来势汹汹的洪水成功地引入大海。历经13年的艰苦努力，终于治水成功，为百姓带来了安宁与希望。

大禹治水所运用的顺应山川地势走向和水往低处流的自然特点进行疏导的方法，无疑属于典型的顺势而为。这种智慧不仅解决了当时的洪水难题，也为后世留下了宝贵的启示。

同样的道理，在学习或生活中，我们应该时刻保持对趋势的敏锐感知和对规律的深刻理解。这样，才能在变化莫测的世界中找到达成目标的捷径，更快地实现自我成长与突破。

- 看得清大势

知识和信息如同海洋般浩瀚，而看得清大势的人，就像是掌舵的船长，他们懂得筛选和整合，将零散的信息拼接成完整的图景。他们不被眼前的浮华所迷惑，而是聚焦于长远的战略布局。比如，今天的知识更新周期大幅缩短，终身学习成为维持竞争力的关键。能够看清这一"大势"的人，更倾向于投资自己的教育，无论是通过在线课程、工作坊还是自学，不断更新技能，以适应市场的变化。

- 驾驭好小势

如果把自我比作一艘帆船，那么在人生漫长的旅程中，自然界中的海风象征着"大势"，即那些推动我们前行的宏观力量和趋势。这些力量可能源自社会变迁、科技进步、文化潮流或个人成长的必然阶段，它们是驱动我们生命之舟远航的强大力量。

与此同时，我们日常的积累与准备，诸如自我提升、健康维护、人际关系的建立、财务规划等，可以视为"小势"。平时，多学习、多做事、多反思、多历练、多培养和拥有这类小势，使其形成综合能力。这样未来可以用来顺应的"势"就会多一些。

- 把握事物规律

把握住事物的规律，才能在面对复杂的世界时保持清醒的头脑，做出正确的判断和决策，从而更好地实现自己的目标和追求。如果你是一位股票投资者，那么你非常有必要掌握经济学中关于投资的一些规律。至少，你要清楚：股票价格的起伏波动只是表象，其本质是公司的内在价值和市场的供需关系。同样地，在学习上，你要顺应知识的积累规律，制订合理的学习计划，循序渐进地提升自己，而非盲目地追求速成。

无论做什么事，都要学会顺应趋势与规律，这样才能事半功倍，取得理想的结果。否则，违背规律，盲目地追求速成，即便付出再多的努力，也可能事与愿违。从这个意义上说，顺势而为比单纯的努力更重要。

42. 把握好时机，学会在正确的时间做事

古人云："机不可失，时不再来。"把握时机，意味着抓住机遇，乘势而上。做事高效的人善于把握时机，在关键时刻做出正确选择。

心理学研究表明，人们对时间的感知并非客观，而是受情绪、环境等因素的影响。同时，效率心理学的研究也为我们提供了有益的启示：人的情绪、精力和注意力在一天中有明显的波动周期。合理安排时间，可以在峰值时处理复杂任务，低谷时进行轻松活动，从而达到事半功倍的效果。

张经理是一家中型企业的部门经理，他深知时间管理的重要性。他发现，如果在每天精力最充沛的这段时间专注于处理要事，他的工作效率和成效都会显著提升。

所谓"要事"，对他来说，是一些需要深度思考、策略规划和决策的任务，这些任务通常也是一天中最为棘手的。以前，他总是先处理一些简单的事务性工作，将这些要事拖延到最后。结果，经常因为时间紧迫而导致处理不够细致和深入，同时也增加了自己的心理压力。

为了改变这种状况，他决定采取一种新的策略：先难后易，尽早解决这些要事。于是，他每天比同事早到公司半小时，甚至一个小时。在这段时间里，他集中精力解决难题，不会被其他事情打扰。因此，效率非常高。如此一来，下面的工作也变得轻松、有序。

其实，像张经理这样通过调整策略来提升工作效率的方法有很多。那么，如何在日常工作中更好地利用时间呢？每个人的策略可能不同，但高效地利用时间，在合适的时间段做正确的事，关键在于把握好以下三点。

- 顺应生物钟规律

我们的身体内部有一套精密的计时系统，被称为生物钟，它影响着我们的睡眠周期、代谢率、激素分泌、认知功能和情绪状态等方方面面。作息规律不同的人，生物钟规律往往不同。比如，有的人是"早鸟型"，有的人是"夜猫型"。"早鸟型"的人在早晨最为清醒和高效，而"夜猫型"的人则在下午或晚上达到最佳状态。

要顺应自己的生物钟规律，首先，要确定你一天中思维最清晰、精力最充沛的时段，将需要高度集中注意力的任务安排在此时完成。其次，要合理规划休息时间，即每工作一段时间后，进行短暂的休息或散步，这有助于恢复精力，提高后续工作效率。最后，要养成健康的生活习惯，如尽量每天在同一时间上床睡觉和起床，建立稳定的睡眠模式。

- 运用时间管理工具

时间管理工具可以帮助我们更好地分配时间，提高效率。常用的工具主要有以下三类。

一是日程表或日历。它用于记录每一个重要事项、会议和约会，确保我们不会遗漏任何重要的时间节点。

二是待办事项清单。它能清晰地列出所有需要完成的任务，并根据优先级进行排序，引导我们一步步攻克难关。

三是时间追踪软件。我们可以将其视为时间分析工具，它默默记录着我们在工作和生活中的时间分配，帮助我们深入分析时间使用情况，找出那些不经意间流逝的时间环节。

- 掌握时间管理技巧

良好的时间管理不仅能够提高工作效率，还能帮助我们平衡工作与生活，减少压力。下面介绍三种实用的时间管理技巧，帮助你更有效地利用时间。

一是番茄工作法。这是一种简单易行的时间管理方法，通过设定25分钟的专注工作时间，并以5分钟的休息时间作为间隔，来提高工作效率。这种方法不仅能帮助我们集中注意力，还能有效避免拖延症的困扰。

二是艾森豪威尔矩阵。这是一种任务管理工具，它将任务分为四个象限：重要且紧急、重要但不紧急、不重要但紧急、不重要也不紧急。通过对任务进行分类，我们能够更清晰地认识到时间分配的优先级，避免将时间浪费在不重要的琐事上。

三是时间盒技术，即为特定任务设定明确的时间限制，迫使自己在有限的时间内全力以赴完成任务。这种技巧能有效提升工作效率和紧迫感，让人在时间的压力下激发出更大的潜能，从而成就更加高效的人生。

综上所述，要在正确的时间做正确的事，不仅要尊重并遵循事情的客观规律，确保方法得当、步骤有序，同时也要顺应身体的生物钟，关注自身情绪、精力和注意力的自然波动。

43. 与其"低效努力",不如提前选对方法

很多人信奉"努力就会有回报",于是忙得像不停旋转的陀螺。结果呢?虽然付出了大量的时间和精力,却收效甚微。为什么?不是努力不够,而是努力太低效!做任何事情,找到适合自己的高效方法,往往比单纯的努力更重要。

在经济学中,有一个"边际收益递减法则",意思是,当投入超过一定水平后,额外的努力所带来的收益将逐渐减少。也就是说,单纯增加努力并不一定会带来成比例的成果提升,反而可能导致效率低下,甚至产生负面效果。

由此可见,"低效努力"的本质是将时间和精力投入到错误的方向上。就好比用一把钝刀去砍柴,即使付出再大的力气,也难有理想的收获。在现实生活中,经常会遇到类似的情况。

以学生学习为例,很多人埋头苦读,做了一本又一本的习题集,却很少去总结规律和方法。其实,真正有效的学习方法不是盲目刷题,而是要理解知识点,建立知识体系,举一反三。比如,学习数学时,不要只是机械地做题,而是要深入理解每个公式的推导过程,掌握解题的思路和技巧。同样,学习英语不能仅仅依靠死记硬背单词,而是要通过阅读和听力来培养语感,并运用语境来记忆单词。

在职场上也是如此。有些人每天忙忙碌碌,却很少分析自己的工作流

程是否合理，是否有更高效的方式。比如，在进行项目策划时，不应盲目地开始执行，而是应该先进行充分的市场调研和分析，制订清晰的目标和计划，然后再有条不紊地推进。

再看看那些成功的创业者，他们在创业初期并不是盲目地投入资金和精力，而是先进行深入的市场分析，找准目标客户的需求，选择一个有潜力的项目，然后制订切实可行的商业计划。他们懂得，选对方向和方法比盲目努力更重要。

那么，如何才能选对方法呢？

首先，要有清晰的目标。明确自己想要达到什么样的结果，这是选择方法的基础。假设你的目标是减肥，你可能会面临多种选择：少食、运动或两者结合。但在这之前，你先要问自己：我的目标是什么？是单纯追求体重的下降，还是希望通过健康的方式改善体质？不同的目标，对应的方法也会有所不同。

其次，要善于学习和借鉴。看看那些已经在你想要达到的领域取得成功的人是怎么做的，从中吸取经验和教训。但要注意，不能完全照搬，要结合自己的实际情况进行调整。比如，你想提高英语口语能力，发现许多英语流利的人推荐某种"跟读法"。于是，你开始模仿这一方法，每天跟着英文播客练习发音和语调。很快你就会发现，自己的发音问题主要出现在元音上。于是，你调整策略，专门针对元音发音进行额外练习，结果取得了不错的学习效果。

最后，要勇于尝试和调整。没有一种方法适用于所有人和所有情况，在实践中不断尝试，发现问题及时调整，才能找到最适合自己的方法。举个例子，你决定通过写作来提升自己的表达能力。最初，你尝试每天写日记，但很快就感到乏味且进步缓慢。于是，你改为写短篇故事，将写作与自己喜爱的文学创作结合在一起。这一转变不仅为你的写作带来了更多的乐趣，也显著提高了你的表达能力和创造力。

生活就像一场马拉松，不仅要有速度，还要有耐力。与其在低效的努力中消耗自己，不如停下脚步，思考一下方法，选对了路，再全力冲刺。相信只要我们提前选对方法，每一次的努力都能让我们离目标更近一步。

44. 和正确的人共事，可以事半功倍

你或多或少遇到过这样一些人：他们夸夸其谈，自诩无所不能，但在关键时刻却"掉链子"，留下烂摊子等你收拾；你曾伸出援手，助其渡过难关，但当你身处逆境时，换来的却是对方冷漠的目光；答应好的事，总是一再敷衍；出了问题，习惯"甩锅"和推责……

人生的大部分烦恼，一半来自无法预知的变故，一半来自与他人的相处。不可预料之事，我们无法避免，然而，相处之道，我们尚可以把握。其实，岂止是烦恼，许多时候一个人一时一事的成败，都与他交往的人是否贤德有重要的关系。因此，曾国藩才会说："一生之成败，皆关乎朋友之贤否，不可不慎也！"

谨慎地选择对的人共事，才能彼此照耀、互相滋养，并产生协同效应。这样的合作不仅提高了工作效率，还使得我们在面对挑战时能够相互支持、共同进退。

春秋时期，管仲与鲍叔牙是一对著名的好搭档。管仲，出身于贵族世家，但家道中落，生活一度困顿。尽管如此，他并没有放弃自我修养，反而勤奋好学，博闻强识，对治国理政有着独到的见解。鲍叔牙，性格豁达，见识广博，尤其擅长识人用人。两人相识于微时，管仲因家贫不得不从事一些小本生意，而鲍叔牙则经常慷慨解囊，资助管仲，这不仅是物质上的援助，更是精神上的支持与肯定。

鲍叔牙深知管仲的才华不应被埋没于市井之中，于是多次向齐桓公推荐管仲，极力主张将其纳入朝堂，担任要职。起初，管仲曾因政治立场问题被囚禁，甚至差点丧命，但鲍叔牙始终相信他的品行与才能，最终说服齐桓公释放并重用管仲。

管仲上任后，推行了一系列改革措施，包括整顿内政、强化军队、发展经济等，使齐国迅速崛起，成为诸侯中的佼佼者。在管仲的辅佐下，齐国确立了在中原的霸主地位。

管鲍之交，至今仍被传为美谈，成为后世关于友谊与合作的典范。他们的故事也印证了一个道理：在共事过程中，选择正确的人非常重要。特别是在寻找合作伙伴时，应注重对方的品格与才能，而不是眼前的得失。只有基于共同的理想与信任，才能建立稳固的合作关系，共创辉煌。

无论是在职场，还是日常生活中，找到并维系与合适的人共事，是一项至关重要的技能。这意味着在与人共事时，不仅要考虑个人的才能与资源，更要注重对方的品德、价值观及长期愿景是否与自己相契合。概括起来，就是要把握好以下三个原则。

- 价值共鸣

价值观如同人生的指南针，指引着我们前进的方向。与价值观相近的人合作，更容易达成共识，减少因理念差异而产生的冲突。反之，价值观差异过大，则会阻碍合作的顺利进行。因此，选择合作伙伴时，要关注对方的人生观、价值观和道德底线等，寻找与自己价值观相近的人，才能建立稳固的合作关系。

- 优势互补

人与人之间，总有各自的优势和劣势。与正确的人共事，意味着找到可以互补的人，弥补彼此的缺陷，发挥各自的优势。一个人越优秀，越懂得选择合适的伙伴一起成长，取长补短，不断进步。正如古语所说："三人行,必有我师焉。"从他人的经验和智慧中汲取养分,助力自身成长。

- 做事靠谱

有一句话是这样说的:"聪明人只能聊天,靠谱的人才适合共事。"靠谱,就是凡事有交代,件件有着落,事事有回音。靠谱,是人与人之间建立信任的基本前提。靠谱的人,不一定很聪明自信,但一定会全力以赴;不会轻易承诺,但一定会说到做到。与这样的人共事,可以避免很多不必要的风险与麻烦,而且也有利于保护自己的声誉。反之,与不可靠的人共事,你随时可能被迫承担不属于你的责任,遭受不必要的指责。不仅会坏了心情,还会影响工作效率。

一个人成长的捷径就是与优秀的人同行。当你身边有一个特别优秀的圈子时,你就不会止步不前,满足于眼前的安逸。所以,一定要学会多与优秀的人交往,与正确的人共事,这既是一种态度,更是一种能力。

45. 做事要有"角色感"和"场合感"

人生如戏，每个人都扮演着不同的角色，在不同的场合展现着不同的姿态。如何将这些角色扮演得恰到好处，并在各种场合游刃有余，这需要我们找到自己的"角色感"和"场合感"。

- 角色感：懂得定位，彰显自我

"角色感"指的是人们在社会生活中扮演不同角色时，能够准确地把握自身定位，并根据角色的属性和要求调整自己的言行举止。就像演员在舞台上，根据剧本和导演的指示，将角色的性格、情感、行为等展现得淋漓尽致。

每个人在生活中都扮演着多个角色，比如：家庭中的父母、子女、兄弟姐妹；工作中的同事、上司、下属；社会中的消费者、志愿者等。每个角色都对应着不同的责任和义务，也拥有不同的权力和权利。重要的是，我们要清楚自己所扮演的每个角色，明白每个角色的"剧本"和"台词"，才能更好地履行相应的职责。

在生活与工作中，如何扮演好自己的角色呢？需要把握以下三点。

首先，要明确自身的角色定位。每个人都扮演着多种角色。清晰地认知每个角色的责任和义务，才能更好地履行职责，避免因角色混淆而造成不必要的失误。比如，在职场中，作为员工需要服从领导安排，认真完成工作；但在与朋友聚会时，则可以放松心情，享受朋友之间的乐趣。

其次，提升角色意识。角色意识是"角色感"的核心，即对自身所处角色的认同感和责任感。提升角色意识，可以帮助我们更好地理解角色的意义，并主动承担相应的责任。比如，作为一名学生，应该以学业为重，刻苦钻研知识，提升自身能力；作为一名家长，应该承担起教育子女的责任，为孩子提供良好的成长环境。

最后，不断学习和提升。角色定位并非一成不变，随着个人成长和社会发展，每个人的角色定位也会发生变化。因此，需要不断学习和提升，以适应新的角色要求。比如，职场新人需要学习专业技能，提升工作能力，才能更好地胜任工作角色；而资深员工则需要不断学习新的知识和技能，才能保持竞争力，适应不断变化的职场环境。

- 场合感：保持形象，得体展现

"场合感"指的是人们能够根据不同的场合，灵活地调整自己的行为举止，展现出符合场合的礼仪和规范。就像演员在不同场景下，需要根据剧情的发展，展现出不同的表情和动作。

"一个平庸的人在任何场合都一样。"的确，一个有"场合感"的人，懂得在合适的场合，说适当的话，做适当的事。像下面这样的场景，相信很多人都见识过：在会议中，稍有不满就大发雷霆，全然不顾四周同事的尴尬与不适；用餐时，一言不合便大吵大闹，完全无视他人的感受；在宴会上，衣冠不整，不修边幅，把周围的人都视为空气。

不同的场合，要求和规范也有所不同。在保证自身尊严与舒适度的同时，也应顾及他人的感受，这既是一种礼貌，也是一种教养。因此，即便是真正地"做自己"，也要有一定的"场合感"，而不可毫无节制地释放自我。

首先，要在合适的场合说合适的话。说话永远都要看场合。知道在什么场合说什么话,不在公共场合揭别人的短处,让别人难堪,这是做人基本的素养。特别是在公开场合,即使双方关系再好,也要懂得熟不逾矩。这既是对他人的尊重,更是做人的基本礼貌。

其次,学会感同身受。感同身受是一种极其珍贵的能力,它指的是能够站在他人的角度,体会和理解他人的情感和处境。这种能力不仅仅是同情,更是一种深层次的共鸣。有这样一个故事:一个人,说话有些结巴,所以平时说话节奏比较慢。有一天,有人向他问路,刚好对方也是口吃。听对方磕磕绊绊地把话说完,这个人一句话也没说。后来,别人问他当时为什么不回答,他说:"人家也是口吃,我要是回答了,人家会以为我在戏弄模仿他。"什么是感同身受?这就是感同身受,即懂得为他人着想。

最后,控制好情绪。很多人都有场合意识,但就是控制不住自己的情绪,经常沦为情绪的奴隶,做出不适宜的事情。比如,会议前,明明提醒自己今日会议要以表扬为主,结果看到不佳的数据,最终变成了批评大会,没有达到预期的目的。

"角色感"和"场合感"是社会交往的基本要求,也是人们社会化的重要体现。社会学家认为,社会角色是人们在社会互动中扮演的特定身份,而社会规范则是人们在扮演角色时需要遵守的行为准则。拥有"角色感"和"场合感",能够帮助人们更好地融入社会。

46. 遵循二八定律，做事要分清主次

二八定律又称帕累托法则，是由意大利经济学家帕累托首创的。其核心思想是：在任何事物中，大约80%的结果是由20%的原因造成的。也就是说，在生活中，我们所投入的20%的努力，往往能带来80%的效果。

这个定律在各个领域都有着广泛的应用。比如，在商业领域，20%的客户贡献了80%的利润；在个人成长方面，20%的学习内容能带来80%的提升；在工作效率上，20%的关键任务往往能推动80%的工作进展。遵循二八定律有助于在繁杂的事务中抓住关键、分清主次，从而通过优先处理那些重要的事情，取得理想的结果。

美国商业史上，有一位名叫威廉·穆尔的企业家，他曾在一家公司做推销员。入职的第一个月，他只赚了160美元。他审视了自己的销售记录，惊讶地发现大部分收入却是来自一小部分客户，而他此前将精力均等地分散在每一位客户身上。领悟到这一点后，穆尔果断调整策略，全身心投入到最具潜力的客户群体中。这一转变迅速带来了显著的成效，短短数月，穆尔的月收入便飙升至1000美元。

此后，穆尔用二八定律指导他的决策，不断取得骄人的成绩，最终荣升为公司董事长。

这个故事生动诠释了二八定律的精髓——无须追求全面覆盖，而是识别并集中力量于那关键的20%。因此，这一法则也被称为"最省力法则"。

对于大多数人来说，如何将这一法则运用于实际生活和工作中呢？需要掌握以下三个关键步骤。

- 聚焦关键少数

首先要明确你的目标，这是应用二八定律的第一步。假设你的目标是提升工作效率，那么你需要识别出那些能够带来最大收益的关键任务或习惯。这些任务可能只占你日常工作的20%，但它们对整体效率的提升却起着80%的作用。

假如你现在手头有一大堆事情要做，最要紧的不是先让自己忙起来，而是先对这些问题进行全面梳理，罗列出其中20%的关键问题，因为它们往往决定了80%的结果。

- 对任务进行排序

将识别出的关键因素按照优先级排序，确保首先处理那些对结果影响最大的任务。这一步骤有助于在工作中保持专注，避免被次要事务分散注意力。此时，可以使用优先级矩阵（如艾森豪威尔矩阵）来分类任务，即将任务分为四类：重要且紧急、重要但不紧急、不重要但紧急、不重要也不紧急。这有助于清晰地识别出哪些任务需要立即处理，哪些可以在后期完成，以及哪些可以委托或删除。

当然，随着时间的推移，任务的重要性和紧急性可能会发生变化。因此，在接下来的问题解决过程中，还需定期回顾和调整任务列表，以确保始终将精力投入在最关键的地方。

- 持续优化，避免无效投入

有些任务需要投入80%的时间或精力，却只能产出20%的结果，这时可以果断地对这类任务进行调整、优化，甚至直接摒弃。比如，你发现每天早晨是自己思维最为敏捷、工作效率最高的时段，那么明智的做法就是将那些最重要、最需要集中精力的任务安排在这一黄金时段进行。相反，如果你将这些关键任务推迟到下午，那时你的精力可能已经下降，导致效率大打折扣。换句话说，你可能花费了80%的时间，却只得到了20%的实际效果。

持续优化工作和生活中的各项活动，确保它们与你的高效产出时段相匹配，是提升个人效能的关键。比如，将重要会议和项目讨论安排在自己最清醒、创造力最强的时间段。再如，对于那些可以自动化或委托给他人的重复性任务，不妨考虑外包或使用技术手段替代，以节省时间和精力。

时间是最公平的，赋予了每个人一天24小时，一秒不多也不少。每个人的时间和精力都是有限的。有些事情需要花费很长时间，投入巨大的精力，但结果可能并不理想。改善这一结果的最佳方式，就是遵循二八定律——只有分清主次，抓住关键，集中精力，才能在有限的时间内取得最大的成效。

47. 拒绝经验主义，别犯"吃老本"的错误

我们经常听到这样的声音："经验就是财富""老经验最宝贵""靠老经验就能吃一辈子"。这些看似耳熟能详的"真理"，实则暗藏着巨大的陷阱，很容易将我们引入"吃老本"的泥潭。这也符合人类的天性，即在面对熟悉的情境时，倾向于重复过去的行为模式，这种现象也被称为经验主义。

如果我们不求上进，思维一直停留在过去，靠"吃老本"度日，将很难适应未来的世界，而且可走的路会越来越窄，甚至无路可走。

让我们来看一则由英国哲学家伯特兰·罗素提出的著名思想实验，通常被称为"罗素的火鸡"的故事。

在西方的感恩节这一天，人们有吃火鸡的传统。为了满足这一天人们的需求，火鸡在感恩节前的一段时间里会受到饲养者的特别关照和精心喂养，以确保它们在节日期间处于最佳状态。

在火鸡饲养场的一角，有一只聪明的火鸡。它经过长时间的观察与分析，发现了一个看似不变的规律：不论天气如何变化，是雨是晴，是热是冷，也不论是一周中的哪一天……它总是在每天上午9点钟准时得到食物。日复一日，这个规律不断被验证，渐渐地，火鸡坚信这是一条不可动摇的自然法则，绝不会出错。

然而，就在感恩节前夕，事情却出乎它的意料。那天上午9点，食物没有出现，取而代之的是，饲养者把它带走了。它从未想过，自己的生命会以这样一种方式结束。或许在生命的最后一刻，它还在困惑：为什么那条被验证无数次的"规律"会突然失效？

很显然，这只"聪明"的火鸡犯了经验主义错误——即使过去的归纳推理看似可靠，却不能推导出未来的结果。同样的道理，在职场中，很多人在熟悉了自己的工作岗位和工作内容后，便会渐渐产生一种"我完全可以胜任"的念头，从而放松自己，停止学习，认为靠先前的经验可以应付工作中的所有问题。这是一种典型的经验主义错误。

经验本身不是洪水猛兽，它就像一艘承载过往经历的巨轮，可以让我们在人生的航程中少走弯路。但如果我们固执地停留在经验的港湾，不愿探索未知的海洋，那么这艘巨轮便会成为沉重的负担，拖累我们前进的步伐。

在这个高速发展的信息时代，我们如何避免陷入经验主义的泥潭，让自己不断精进呢？方法有很多，但归根结底只有一条，即始终保持空杯心态。

首先，要认识到自己的知识和经验是有限的。无论我们多么聪明或有经验，总会有比我们更聪明和有经验的人。这种认识能够让我们保持谦逊，并愿意向他人学习。

其次，愿意接受新的观点和想法，即使它们与你现有的信仰和价值观不同。这需要你学会倾听他人的意见，尊重他们的观点，并且不轻易否定或批评他人的看法。

最后，要打破防御性思维的桎梏。当遇到与自己意见不同的情况时，不要立即反驳，而应尝试放空自己，专心聆听，理解对方的观点。这有助于我们打破防御性思维的桎梏，更好地学习和成长。

拒绝经验主义，并非要抛弃经验，而是要谨慎对待过去的经验和固有的认知，着眼于当下工作的开展，把每一次挑战当成独立的新挑战。当你把"没问题，过去一直都是这么做的"这种思维转变为"再尝试一下，看看有没有新发现"时，你的人生之路会越走越顺、越走越宽。

48. 每次做事，都要留下备选方案

生活充满了不确定性，我们无法预测未来会发生什么。当我们全力以赴，将所有希望寄托于单一方案时，一旦计划落空，便会陷入被动，甚至陷入绝望。而备选方案就像一张安全网，为我们提供了一条退路，使我们在面对意外时能够冷静思考，调整策略，寻找新的机会。

在工作中，我们经常会花费大量时间和精力准备一个方案，并认为它是最完美的。然而，在实际执行过程中，可能会遇到各种突发状况，比如市场变化、竞争对手有新的行动，甚至自身出现的错误。这时，如果没有备选方案，我们只能被迫放弃原计划，甚至承受更大的损失。而如果事先准备了备选方案，我们就可以根据情况迅速做出调整，将损失降到最低。

特别是在处理重大事务时，单一的计划往往难以应对所有可能的情况。为了更加稳妥地应对突发事件，制定备选方案显得尤为重要。备选方案是指在原计划无法实施时的替代方案，它确保在原计划失败时，仍有可行的路径继续前进。通常，一个人办事的备选方案越多，准备越充分，其应对空间就越大，表现也就越自信。

比如，在商业领域，"黑天鹅"事件屡见不鲜。因此，有备选方案是非常必要的，这有助于应对不确定性和变数。

在一些重要事务上，办事高手总能游刃有余地应对突发状况。这看似是权宜之计或运气使然，实则他们早有备选方案。备选方案的核心价值在

于：它可以让你更加放心地去执行主方案，从而提升主方案执行的效率和成功率。也就是说，备选方案会改变你执行主方案时的心态。在有备选方案的情况下，你执行计划时才会更加从容不迫。

那么，如何制定备选方案呢？可遵循如下几个步骤。

- 认真分析主方案

仔细分析现有的方案，了解其潜在的风险、限制和可能出现的问题。从多个角度进行分析，包括技术可行性、资源供应、市场变化、法律法规等。通过深入了解主要方案的优缺点，确定需要在备选方案中解决的关键因素。

- 确定备选方案

根据对主方案的分析，制定多个备选方案。这些方案应能够在主方案无法实施或失败时提供可行的替代选择。备选方案可以包括改变策略、调整时间表、引入新技术或合作伙伴等。应确保每个备选方案都经过充分的考虑和评估。

- 评估备选方案

评估备选方案是制定有效应对策略的关键步骤。在这一阶段，需要对每个备选方案进行全面、细致的分析，以确保所选方案不仅可行，而且能够在成本、风险和收益之间找到最佳平衡点。评估过程包括可行性分析、成本效益分析、风险评估、优劣势分析等。通过一系列严谨的分析，最终确定一至两个适合的方案作为主要备选方案。

- 制订详细计划

为选定的备选方案制定详细的实施步骤、时间表和资源需求清单。确保方案具有明确的目标、可衡量的指标和可行的行动计划。方案中应包括任务分配、沟通计划、风险管理策略和监控机制等。同时，要为备选方案的实施预留足够的时间和资源。

　　《礼记·中庸》有云："凡事预则立，不预则废。"无论是团队的发展、人生的规划，还是生活中的琐事，都需要进行充分的计划。如果不做充分的准备，一旦遇到问题，就会措手不及。特别是在处理重要事务时，除了主计划外，更应该准备一个或几个备选方案。

49. 学会"借力"，做事更有效率

荀子在《劝学》中说："君子生非异也，善假于物也。"意思是说，即便是一个聪明睿智、博学多才的君子，想要胜于他人，也要善于吸收、利用他人的优点，博采众长。

无论是自然界的生生不息，还是个人与社会的不断进步，都离不开"借力"。"借力"并非投机取巧，而是智慧的体现，是利用外部资源和力量来弥补自身不足、实现目标的一种策略。

春秋时期，齐桓公在得到贤相管仲之后，对他极为倚重，将国家的军政大事悉数委托给管仲，并尊称其为"仲父"。每当有大臣遇事需要请示决策时，齐桓公总是回答："去问仲父吧。"这样的事情发生过多次，以至于身边的人产生疑问，并询问齐桓公："您总是把事情推给仲父处理，难道做国君真的如此轻松吗？"

齐桓公笑着回答说："在我未得仲父之前，处理国事确实颇为艰难。但自从有了仲父的辅佐，许多繁杂的事务都得到了妥善的处理，我自然就觉得轻松多了。"

在这个故事中，齐桓公将一些军政事务交给更为擅长的管仲处理，极大地提升了办事效率。这正是他的明智之处，也是他能够成就一番霸业的重要原因。

古往今来，靠借势成事的事例数不胜数。比如，"好风凭借力，送我

上青云"是薛宝钗积极入世的人生态度，她懂得借力、顺势而上的大智慧。又如，"草船借箭"是诸葛亮施展智谋、借助他人资源取得成功的一次辉煌胜利。

在生活中，当我们面临不擅长的事务时，若勉强出头，可能只会让情况雪上加霜。因此，一个更好的策略是调动我们的智慧，学会"借力"。让适合的人在适合的问题上逐步找到解决方案，这或许是最明智的思路。

"借力"并非简单地依靠他人，而是指通过巧妙利用外部资源，将自身的优势放大，最终实现目标。这就好比用一根小小的撬棍撬动一块巨石，看似微不足道的工具，却能发挥出巨大的力量。在借力时，可以把握以下三个方面。

- 借他人之智：智慧共享，相辅相成

俗话说："三个臭皮匠，赛过诸葛亮。"今天，每个人都拥有独特的知识和经验。学会向他人学习，借鉴他们的智慧，可以拓宽我们的思路，弥补自身的不足。比如，可以寻找比自己更有经验、更专业的人士，虚心向他们请教，学习他们的成功经验和方法，或者积极参与各种论坛、社群、会议等活动，与不同领域的人交流，碰撞思想，激发灵感。

- 借他人之力：分工协作，事半功倍

在复杂的任务面前，单枪匹马难以胜任。学会分工协作，将任务分配给合适的伙伴，可以有效提高效率，降低风险。比如，可以根据任务的需要，组建一个有能力、有责任感的团队，发挥团队的协作优势。或者将一项复杂的任务分解成多个子任务，根据每个成员的优势和特长进行分配，最大限度地发挥每个人的潜力。在协作的过程中，定期沟通交流，以确保项目顺利进行。

- 借工具之力：科技赋能，效率倍增

科技的进步为我们提供了越来越多的工具，帮助我们更高效地完成任务。学会使用一些有效的工具，可以节省时间，提高效率。比如，在过去，人们可能需要花费大量时间手动计算复杂的问题，但现在，有了计算器、电子表格等工具的帮助，这些计算变得轻而易举。同样，在处理大量文字信息时，文字处理软件和电子书签等工具能够让我们更快速地编辑、整理和查找资料，极大地节省了时间和精力。这些只是科技工具在日常生活和工作中的一小部分应用。实际上，无论是学习、工作还是生活，我们都可以找到适合自己的工具来提升效率。

在这个世界上，努力的人比比皆是，但要在竞争中脱颖而出，一定要学会"借力"。人永远跑不过马，但坐在马上就可以一起快起来。所以，即使一个人能力出众，也不必凡事都亲力亲为。应将那些自己不擅长或者不是核心的事务，交给更擅长处理它们的人去做。这样，可以将时间和精力节省下来，专注于自己更擅长的事情。

50. 做事不顺利，学会从自己身上找原因

《礼记·乐记》有云："好恶无节于内，知诱于外，不能反躬，天理灭矣。"意思是说，遇到事情如果不能自我反省，反而把自己的好恶情绪全暴露出来，这是不符合天理的。

当我们做事不顺利时，首先要做的并非抱怨他人，而是审视自身，寻找问题所在。试想，如果一味地将失败归咎于环境、运气或他人，那么我们将永远无法突破困境，只会在自怨自艾的泥潭中越陷越深。

反之，遇到不顺利的情况时，能够反躬自省，从自身出发找出问题的人，其事业与成就都不会太差，人生之路也会越走越宽。所以，当人生不顺时，要学会多从自身找原因。毫不夸张地说，一个人的修养高低，可以从他在遇事时是否表现出以下三种自省的态度上看出来。

- 反刍式反思，洞悉自身盲点

自我反省就是一面镜子，能够照出我们的缺点，让我们有改正的机会。当我们身处困境时，除了要学会通过旁人的意见和批评来认识自己的不足，更要学会反刍式反思，以洞悉自身盲点。

什么是反刍式反思？通常指的是个体在面对挫折、失败或情绪困扰时，反复思考问题的细节、原因、后果以及可能的解决策略的一种心理过程。反刍式反思的关键在于反复思考、层层递进。首先，要还原事件，厘

清事件的来龙去脉，客观记录事件中自己的言行举止。其次，要进行深度思考，分析事件背后的原因，探究自己的思维模式、行为习惯以及情绪状态是否影响了事件的走向。最后，要将反思结果进行总结，形成可操作的改进方案，并将其应用于未来的实践中。

- 不怨天尤人，远离负能量

老子曾说："大道之行，不责于人。"意思是，优秀的人在面对困境时，绝不会归咎于他人。反观一些人，一遇到挑战便连连抱怨，这种潜意识的习惯实际上在悄然塑造着他们的命运。频繁的抱怨如同阴霾，不仅笼罩自身，还使得周围的气场变得沉闷。负能量如影随形，渐渐侵蚀信心与斗志，引发一连串的不幸，形成难以挣脱的恶性循环。

发泄不满、抱怨他人，只会让自身的负能量累积，每遇不顺更是抱怨连连，如此往复，又何谈顺利办事？智者遇事，从不将责任推向他人，而是运用智慧化解冲突，更不会让怨气显露于人前。怨天尤人，只会给自己添堵，做什么事情都不顺利。

- 宽以待人，以责人之心责己

古训有云："以责人之心责己，以恕己之心恕人。"其中蕴含着这样一条深刻的哲理：面对生活中的摩擦与挑战时，应先内观自省，再宽以待人。在人际交往中，倘若只知苛责他人，忽视自身存在的问题，不仅无法从根本上解决问题，反而可能激化矛盾，令事态恶化。因此，我们应学会反思自己，理解他人，以和谐的态度应对纷繁复杂的社会关系。

有一次，一位女士不慎摔坏了丈夫珍爱的物件，担心丈夫会责怪她。当丈夫得知此事时，非但没有发怒，反而轻描淡写地说："物是死的，人是活的。东西坏了可以再买，你没有受伤就好。"这一番话，如同春风拂面，让她备感温暖。

同样的道理，如果在其他场景中，我们也能表现出类似的处事态度——在矛盾面前,选择理解和宽容,而非指责与对抗,这一定会避免许多风波和人际冲突。可以说,真正的修养不在于外表的光鲜,而在于内心的平和与善良。当我们能够以一颗宽容的心去对待他人,以一颗自省的心去审视自我时,我们的生活将更加和谐美满,人生之路也将越走越宽。

人生道路漫长,充满挑战,我们不可能事事顺利。当遇到挫折时,学会从自身找原因,不断反思和改进,才能真正提升自己,克服困难。

第六章

洞察人心,掌握人际交往的底层逻辑

51. 人以群分：找到情投意合的交往对象

老话常说："物以类聚，人以群分。"这道出了一个简单的道理：我们往往会和与自己相似或志趣相投的人走到一起。要想深入了解一个人，不妨先观察他的朋友圈，因为朋友往往能反映一个人的性格、兴趣甚至价值观。毕竟，近朱者赤，近墨者黑，我们或多或少都会受到周围人的影响。

很多人片面地认为，只要自己足够努力，迎合对方的兴趣爱好，就能交到朋友。其实，真正的友谊不是靠一味地讨好建立起来的。所谓"文人论书，屠夫道猪"，讲的正是这个道理——有着不同志趣的人很难走到一起，意见不同的两个人很难共事。所以，真正的朋友应该是情投意合，而不是在一起吃吃喝喝，或是一时的利益交换。

这里的"情投意合"，可以理解为性格、兴趣爱好和价值观的契合。只有当这些方面产生共鸣时，友谊的种子才能真正萌芽。有这样一句话："真正的朋友，是彼此了解，彼此信任，彼此欣赏，彼此鼓励。"

那在现实生活中，如何寻找情投意合的朋友呢？关键要把握好以下三个筛选标准。

- 性格相近

寻找性格相近的朋友，需要先深入了解自己的性格特点。可以通过性格测试、自我反思或与朋友交流来实现这一点。接着，尝试与周围的人就感兴趣的话题进行交流，观察他们的反应。如果对方能够积极回应并展开深入讨论，则表明性格可能较为相似。此外，可以在不同社交场景中寻找性格相近的人，如图书馆、咖啡馆或运动俱乐部等，这样更容易遇到志同道合的伙伴。

- 志趣相投

志趣相投是建立深厚友谊的基础。可以通过加入兴趣社团、参与志愿者活动或关注相关领域的论坛来寻找志同道合的朋友。例如，热爱文学的人可以加入文学社，热爱摄影的人可以加入摄影俱乐部，热衷公益的人可以加入志愿者组织。通过共同的兴趣爱好，你将更容易找到性格相近的伙伴，并建立起深厚的友谊。

- 价值观相近

价值观是人生的航标，它指引着我们的人生方向，也决定了我们与他人相处的方式。当彼此的价值观相近，对人生的理解和追求趋于一致时，相互理解和支持便水到渠成。朋友之间，即使观点不同，也能相互尊重，坦诚交流，共同进步。

反之，价值观有冲突的两个人，很难成为知心的朋友。比如，你敬畏规则和友情，他敬畏金钱和利益；你崇拜良知和道德，他渴望强权和地位。价值观的分歧会导致人们对事物的看法和观念不同。这样的两个人，注定难以成为"友"。

东汉末年，管宁与华歆本是同窗好友，常共席读书，情谊深厚。一日，达官贵人的车队浩荡而过，华歆心生好奇，竟弃书而去，只为一睹权贵风采。待其归来，管宁已毅然割断共坐之席，以行动表明与华歆的决绝之意。管宁割席之举深刻地揭示了即便友情深厚，若价值观南辕北辙，也难以维系。

价值观的差异，犹如磁铁的两极，相遇即排斥。言语交流之间，可能生出厌倦与隔阂，彼此相看，唯有冷漠与疏离。相反，价值观相同的人，一开口便如琴瑟和鸣，心有灵犀，共鸣悠长。

古语有云："同声相应，同气相求。水流湿，火就燥。"就是说，同样的声音能够产生共鸣，相同的气味也会相互融合。这世上很多东西能自然地结合在一起，皆是因为物以类聚，交朋友也不例外。

52. 圈子定律：圈子不同，不必强行融入

试想，你与一群热爱攀岩的人在一起，却对攀岩毫无兴趣，甚至感到恐惧，你是否会感到格格不入？你与一群热爱美食的人在一起，却对美食毫无兴趣，甚至感到厌恶，你是否会感到尴尬？每个人都有自己的价值观和生活方式，这些差异造就了不同的圈子。就像一块磁铁，同极相斥，异极相吸，拥有相同价值观和生活方式的人自然而然地会聚在一起，形成一个圈子。

人和人之间，并不总是思想一致、三观吻合。这就像猎户和樵夫，一个为猎物，一个为打柴，他们的目标不同，无法结伴而行。如果非要将他们强行拉入一个不合适的圈子里，那他们很难在思想上产生共鸣，交流不在一个频道上，观点不在一个维度上，双方都会觉得别扭。这就像井底的青蛙很难理解大海的辽阔，夏天的虫子也不会懂得冰雪的寒冷。

所以，聪明的人从不强行融入不适合自己的圈子，"你走你的阳关道，我过我的独木桥"。他们会选择知进退，不该入的圈子坚决不入。表现在具体的社交实践中，就是要把握好以下四点。

- 找到"圈"的定位

寻找适合自己的圈子，首先需要了解自身的需求和特点。这就像寻找一件合身的衣服，只有了解自己的身形，才能找到最适合自己的尺码。

首先，要明确目标，即你想要从圈子中获得什么：知识、资源、人脉，还是纯粹的友情和陪伴？明确目标可以帮助你筛选出符合自身需求的圈子。

其次，要识别价值观。需要问自己几个问题：你的核心价值观是什么？你认可什么样的生活方式？你对未来有怎样的期待？价值观是判断一个圈子是否适合你的重要标准，只有价值观相近的群体才能相互理解和支持，共同成长。

最后，评估自己的能力水平。你在哪些方面有优势？你渴望在哪些领域有所突破？圈子的成员通常拥有相似的能力水平，找到与你水平相近的圈子，能够激发你的潜能，帮助你更快地进步。

- 寻找"圈"的入口

不论是什么圈子，通常，其入口大致有这么几类：一是兴趣类。比如，很多人感兴趣的一些活动、社群、论坛，在那里，一群志同道合的人可以畅所欲言。二是活动类。比如，通过参加行业会议、专业论坛、公益活动等，可以加入某些圈子，在这些圈子中，可以结识更多同领域的人。三是社交平台类。这类圈子较为常见，比如通过微信等社交平台，可以关注自己感兴趣的领域，并与其他用户互动。

- 辨别"圈"的真伪

找到潜在的圈子后，我们需要对其进行筛选，避免误入歧途。这就像购买商品，需要认真辨别真伪，才能选到优质的产品。比如，可以先观察圈子的氛围，看看圈子的成员之间是否互相尊重、真诚友善，是否乐于分享经验，共同进步。观察圈子的氛围，可以帮助你判断这个圈子是否值得加入。又如，可以多了解圈子的文化，看看其是否拥有积极向上的价值观。了解圈子的文化以及圈子成员的文化素质，可以判断这个圈子是否符合你的价值观。

- 成为"圈"的贡献者

融入一个圈子,不仅意味着享受其带来的资源与乐趣,更是一项积极贡献的承诺。一旦找到了与你共鸣的社群,成为"圈"的贡献者,将是你巩固关系、提升自我价值的关键。因此,要做好两点。

首先,要积极参与圈子举办的各类活动。通过分享自己的专长、见解和经验,不仅能够帮助他人,还能在实践中不断磨炼自我,让圈子成员真切感受到你的价值与热情。

其次,要将自己视为圈子的一分子,主动承担起推动其前进的责任。无论是通过撰写高质量的文章、分享实用的资源,还是在成员遇到难题时伸出援手,每一次贡献都将成为你与圈子之间情感纽带的加固剂。

圈子定律并非一条冰冷的定律,它更像一个建议,提醒我们不要盲目追求融入,而要找到属于自己的"同频共振"的圈子。在生命的旅途中,每个人都不是一个孤岛,都会遇到形形色色的圈子。在这个过程中,不要强行融入不适合自己的圈子,更不要试图去改变某个圈子,而要找到适合自己的,能与自己产生"同频共振"的圈子。

53. 多做换位思考，交往中少一些自以为是

清代小说家李汝珍在《镜花缘》中说过一句话："世人往往自以为是，自夸其能。"仔细想想，之所以会产生这种自大的心态，主要是因为没有真正了解自己，没有客观地看待自己的能力。

"自以为是"是个成语，意思是总以为自己的观点和做法都正确，不肯接受别人的意见。自以为是的人有几个明显的特点，比如，觉得自己比别人更厉害，动辄爱教别人做事；不论做什么事，总是希望按他的要求来，听不进别人的建议；固执己见，什么事都要自作主张，不考虑他人的感受和意见等。

"自以为是"如同一面无形的墙，隔绝了我们与外界的交流与理解。打破这堵墙的关键在于学会换位思考。换位思考的理论基础源于心理学中的同理心理论。同理心指的是能够理解和感受他人情绪的能力，它是建立良好人际关系的基础。

有句古话叫"己所不欲，勿施于人"。它简洁而深刻地阐述了换位思考的真谛——在行动之前，先把自己置于对方的位置，然后再对相关问题进行思考。由于所处的位置不同，立场可能会不同，相应地，得出的观点也会不同。

在一个农场里，有一头猪、一只绵羊和一头奶牛被农场主关在同一个畜栏里。一天，农场主要把猪从畜栏里捉出去，猪见状，号啕大哭。绵羊

和奶牛听后，抱怨连连："不就是被带出去吗，也至于这么大喊大叫？像我们经常被农场主捉去，哪次大呼小叫过？"

猪听了，生气地回应："捉你们和捉我能一样吗？捉你们，只是为了得到你们身上的羊毛和牛奶，但是捉住我，却是为了吃我的肉啊！"

心理学家罗杰斯曾说："如果你真的想理解一个人，你必须从他的角度去思考问题，从他的角度去看待问题，你必须全身心地投入到他的世界中去。"

不论是做一件事情，还是做一个判断，都要学会从别人的角度思考问题，进而权衡利弊，这样做出的决策才更理性。具体来说，在换位思考时，要做到以下几点。

- 积极倾听：捕捉对方的真实意图

倾听不仅是耳朵的接收，更是心灵的触碰。当你与他人交流时，请全神贯注，捕捉对方话语中的每一个细微情感。不要急于打断或下结论，而要像捕捉一首美妙旋律的音符一样，去理解对方话语背后的真实意图和深层需求。

- 暂停判断：先搁置自己的预设立场

我们每个人都有自己的生活剧本和预设立场，这往往让我们在沟通中戴上了有色眼镜。但真正的换位思考要求我们暂时搁置这些剧本和偏见，像一个空白的屏幕，准备接纳对方投射过来的影像。不要急于评价或反驳，只是静静地接收，让对方的观点和情感在你心中自由流淌。

- 角色扮演：尝试站在对方的角度思考

尝试站在对方的角度思考，感受他们的情感，理解他们的动机。想象你身处对方的生活情境中，面对同样的挑战和抉择，你会如何思考和行动？这种角色扮演不仅能增进你对对方的理解，还能让你在沟通中更加体贴和包容。

- 反思反馈：调整自己的态度和行为

在深入理解对方之后，要回到自己的内心世界，反思自己的感受和反应。思考一下，你从对方的视角中学到了什么？这些新获得的理解如何改变你对问题的看法？然后，根据这些新的视角和认识，调整自己的态度和行为。在沟通中，展现出你的成长和变化，让对方看到你的努力和诚意。

任何一件事，从不同的角度去看，会看到不同的问题，产生不同的见解。见解不同，结果自然也会不一样。学会换位思考，多替别人着想，不但可以促进沟通，提升解决问题的效率，还可以减少摩擦与冲突，树立良好的个人形象。因此，换位思考不仅是一种技巧、一种思维方法，更是一种生活态度、一种素养。

54. 互惠原则：相互扶持的关系才能长久

俗话说："独乐乐不如众乐乐。"我们生来就渴望与他人建立联系，在相互扶持中获得力量和快乐。然而，人际关系的维系并非易事，需要付出真心和努力。而互惠原则则为我们指明了一条通往长久关系的道路，即相互扶持、彼此成就，才能让关系历久弥新，充满生机。

互惠原则，顾名思义，是指双方在关系中互相给予和索取，相互付出和收获。它就像一座桥梁，将彼此的利益紧密联系在一起，使关系更加稳定和牢固。

大多数时候，平衡的人际交往关系是建立在互惠基础之上的。简单来说，就是你给我多少，我回报你多少。这是一种利己与利他的结合。在现实生活中，互惠关系随处可见，它是维系个人关系的重要纽带之一。

在英国的一个小镇上，有一位名叫斯蒂尔的慈善活动家，他致力于一项艰巨的任务——筹集资金修复一座历史悠久的建筑。然而，高额的修复成本让他有些为难。尽管如此，斯蒂尔并没有放弃，而是尝试了一个大胆的计划。

他决定采取一种非传统的筹款策略，即在募捐之前，先向志愿者们发放小额资金，每人10英镑，鼓励他们用这笔钱去做一些有意义的事情。他先后发放了550英镑，分给了55位志愿者。令人惊喜的是，仅仅在6个月内，这最初投入的550英镑竟然转化为超过1万英镑的回报！

在这个故事中，斯蒂尔巧妙地运用了"互惠"这一社会心理学原理，通过先给予，激发了志愿者们募捐的积极性。由此可见，当你慷慨地给予他人时，你会收获意想不到的回报。

互惠原则不仅体现在物质上的帮助，更体现在精神上的支持和鼓励。我们每个人都有自己的优势和劣势，相互扶持，才能更好地发挥自己的潜能，实现自我价值。

当人际关系中的互惠原则被打破，一方持续付出，而另一方仅知索取时，这种不平衡的状态就像银行账户在透支，逐渐消耗着双方的情感储备。开始时，可能是出于爱、友情或责任感，付出方愿意忍受短暂的不对等。然而，随着"债务"累积，情感账户逐渐枯竭，不满、疲惫和疏离感随之而来。最终，当付出方感到再也无法承担这种不平衡的关系时，原本坚固的亲情或友情纽带可能会断裂，关系将走向破裂。

为了避免这种悲剧的发生，一定要把握好互惠原则，以保障健康、平等的人际关系。具体来说，就是要学会构建互惠关系的"三C"原则。

- 建立连接（Connect）

建立连接意味着主动寻求与他人的互动，通过交流和沟通了解对方的需求、兴趣和期望。这一步是建立任何关系的基础，要求我们展现真诚的一面，而不是仅仅出于功利目的接近他人。比如，主动发起对话，询问对方的近况，展示你对他们的关心；积极参加社交活动，扩大交际圈，与不同背景的人建立联系；倾听对方的分享，给予反馈，让对方感受到被重视和理解；定期保持联系，无论是通过电话、短信还是社交媒体，让对方知道你在乎这份关系。

- 无私奉献（Contribute）

无私奉献指的是在没有立即回报的预期下，根据对方的需求提供帮助或资源。这种行为体现了对他人的尊重和关怀，有助于建立起信任和感激，为互惠关系奠定坚实的基础。比如,注意观察对方的需求,适时提供帮助;分享你的知识、技能或资源,帮助对方解决问题或达成目标;表现出同理心,设身处地地为他人着想,提供最合适的帮助;等等。

- 共同创造(Collaborate)

共同创造是指与他人合作解决问题,共享成果,提高双方的价值。通过合作,双方不仅能克服挑战,还能在过程中加深理解,达到共赢的局面。比如,可以寻找共同目标或兴趣点,邀请对方加入合作项目或活动;认可对方的贡献,分享成功的喜悦,确保功劳的分配公平合理;等等。

通过遵循"三C"原则,不仅能够构建和维护健康、平等的人际关系,还能在与他人的互动中获得成长和满足感。

真正的互惠关系是建立在双方自愿且无利益冲突基础上的良性互动。它拒绝任何形式的强迫与勉强,倡导的是"我好,你也不差;我能给予,你亦乐于接受"的和谐景象,而不是一场零和博弈。在这种关系中,每一方的付出都伴随着另一方的回馈,而非单方面的损耗。

55. 克制否定他人的欲望，学会肯定并赞美

每个人都渴望被理解、被认可、被赞美。然而，现实生活中，我们却往往更容易陷入一种否定他人的怪圈，习惯于挑剔别人的不足，忽视他们的优点，甚至用尖刻的语言伤害他们。

为什么我们总是忍不住要去否定他人呢？从心理学的角度来看，这是一种认知失调现象，即当一个人的行为与信念、态度或价值观不一致时，会产生心理上的不适感。为了减少这种不适，人们可能会通过否定与自己观点相悖的信息来恢复内心的平衡。

否定他人的行为就像一颗毒瘤，不断侵蚀我们的内心，让我们变得封闭、狭隘、充满戾气。最终，只会让我们与他人渐行渐远，失去真挚的友谊和爱。

有这样一句名言："切勿抱有改变他人的念头。因为每个人对阳光的感知各异，有人感到刺眼难耐，有人则觉得温暖舒适，更有甚者会选择躲避阳光。"即便是同一件事情，由于个人的性格、经历以及思维方式的不同，人们的看法也会大相径庭。因此，倘若我们执意将自己的观点强加于他人，无疑会给对方带来不必要的困扰。

黄先生在一家公司任职。这家公司有一个惯例，每周召开一次会议。在会上，大家可以就一些具体问题展开讨论。每次，当有人提出新的项目想法或改进方案时，黄先生总是第一个站出来反驳。他似乎有一种天赋，

能够迅速找出提议中的每一个漏洞和潜在问题,然后逐一拆解。似乎开会的唯一目的,就是为了让他展示批判能力。

有一次,销售部的张经理提出了一个关于增加线上营销预算的提案。他详细分析了市场趋势和潜在客户群,展示了精心准备的数据和预测结果。黄先生没等他说完,就开始质疑数据来源的可靠性,批评他的分析方法不够严谨,甚至暗示他对数字的理解存在偏差。他坚持认为,传统营销渠道依然有效,无须冒险尝试新方法。

虽然有时他的批评确实能促使团队重新审视计划,但过于频繁且不留情面的反驳也让许多人对他颇有微词。尤其是当有人试图委婉地指出他的这个毛病时,他会用更加尖锐的语言捍卫自己的立场。

在现实中,有很多类似的例子。有人习惯称黄先生这样的人为"杠精",他们反驳的欲望极强,即为了反对而反对,时常让周围的人感到疲惫、沮丧和反感。不论是平时与人交往,还是在团队中与人共事,一定要克制自己轻易否定他人的欲望。

与否定他人相反,肯定与赞美是打开心灵之窗、构建和谐人际关系的钥匙。在日常生活中,赞美或肯定他人不需要高超的技巧,只需把握以下三点即可。

首先,赞美需真诚。虚情假意、随口敷衍的赞美,对方很容易就能察觉到,这样不仅无法拉近彼此的距离,反而可能让对方心生反感。真诚的赞美源自内心的真实感受,能够触动人心,建立起信任和亲密感。

其次,赞美要具体。笼统的赞美可能让人感觉泛泛而谈,而具体到某个行为、特质或成就的赞美则显得更加贴心和个性化。比如,你可以说:"你的报告真的让我印象深刻,特别是你对数据分析的深入理解,让整个项目的方向更加清晰。"这样的赞美不仅表达了认可,还指出了具体的原因,让人感到被真正理解和赞赏。

最后,赞美要及时。在对方需要鼓励或表现出色时立即给予赞美,效果更佳。比如，当对方刚刚完成本月业绩时，作为领导应立即表达赞美。这样的及时性不仅能放大赞美的效果，还能让对方得到及时的反馈，从而激励其继续努力。

有道是"人之患，在好为人师"，真正的自我提升，不在于试图改造他人，而在于内省与自我修正。与其耗费精力去评判和指导他人，不如将这份力量转向肯定与赞美他人。当我们学会肯定并赞美他人时，不仅在帮助他们，也是在帮助自己，还会让很多事情变得高效和简单。

56. 善用"肥皂水效应",批评别人要留面子

俗语道:"人非圣贤,孰能无过?"有了错误,别人指出来,这是好事。但是很多时候,我们都听不惯刺耳的批评声,尤其是面对别人毫无修饰的批评时,总是感到难堪,甚至会据理力争。一句话,就是从心里很难接受——"他怎么可以这样说我,即便我错了……"

换位思考一下:如果我们用同样的方式,去试图纠正别人的某个错误,或是指出他的某些缺点时,你觉得他能心平气和地接受吗?大概率不会!人都是好面子、有自尊心的,即便他明知自己错了,也不愿意别人当面指出。

所以,聪明的人在指出别人的错误时,方式比较温和、委婉。从心理学的角度看,这有助于减少对方的防御性反应(防御性反应是指当个人感觉受到威胁或评判时,会触发的一种反应。这种反应可能表现为情绪上的愤怒或悲伤,也可能表现为行为上的回避或反击)。

在约翰·卡尔文·柯立芝担任美国总统期间,他有一位容貌出众的女秘书,但她在工作中却时常因粗心大意而犯错。

一天早晨,当柯立芝看到秘书走进办公室时,微笑着对她说:"你今天穿的这身衣服真是美极了,非常适合你这样优雅的女士。"听到总统如此夸赞,女秘书感到十分惊喜。

柯立芝接着说道:"当然,我相信你的工作能力会像你的外表一样出色。"

令人惊喜的是,从那之后,女秘书在处理公文时的错误确实大大减少了。

后来,一位朋友得知了这件事,便好奇地问柯立芝:"这个方法真是太巧妙了,你是怎么想到的呢?"

柯立芝笑着回答:"这其实很简单。你有没有注意过理发师给客人刮胡子时的做法?他们在刮胡子之前,会先涂一些肥皂水。这是为了什么呢?就是为了让刮胡子的过程更加顺滑,减少客人的不适感。"

柯立芝通过理发师给客人刮胡子前先涂肥皂水的例子,形象地说明了一种沟通技巧:在提出批评或指出问题时,先给予对方一些正面的反馈或赞美,以减轻批评带来的负面效应,使对方更容易接受。于是,人们就把这种"在批评之前先给予赞美,以减轻批评的负面效应"的沟通技巧称为"肥皂水效应"。

运用"肥皂水效应"来批评他人是一种高智慧的沟通策略。这提醒我们,在提出批评或纠正他人时,应当如同肥皂水般温和细腻,这样既能达到指出问题的目的,又不会损伤被批评者的自尊心。具体而言,应该做到以下三点。

- 将批评夹裹在赞美中

在批评他人时,不要一上来就直接指出对方的错误。相反,一种更明智的做法是:在尊重对方的基础上,先尽可能发现并肯定对方身上的闪光点,或在某些事情上的良好表现,并给予真诚的赞美,为接下来的批评营造一个积极的氛围。然后,再委婉地表达批评之意。

比如,可以这样说:"你最近的工作表现非常出色,特别是在处理客户关系和解决突发问题方面,展现出了极高的专业素养和应变能力。不过,如果能在项目时间管理上再加强一些,相信你的工作会更加完美。"

- 注重语气与措辞

在表达自己的观点时,要采用平和、友善的语气,避免使用过于尖锐或带有攻击性的措辞。这样的表达方式有助于营造一个积极、开放的对话氛围，让对方更容易接受我们的观点和建议。比如，可以说："我注意到这个问题可能有不同的看法，我想听听你对这个问题的意见。"或者"我觉得这个地方或许可以稍微调整一下，这样可能会更好，你觉得呢？"

- 以建议代替批评

提出具体的建议和解决方案，不仅能够帮助对方更清晰地认识到问题所在，还能显示出你的关心和支持。比如，可以说："我注意到你在这个项目上可能过于保守了。现在，我们一起来探讨一些新的方法，比如采用×××这种新的技术，你觉得怎么样？"

在日常生活中，通过"肥皂水效应"，我们不仅能够更有效地传达批评意见，促进对方的自我反思和成长，还能够维护和谐的人际关系，避免因批评不当而造成的隔阂与冲突。

57. 了解宽容定律，别对亲密的人太苛刻

在生活中，很多人都有一个"毛病"，那就是将好脾气给了别人，却将最坏的一面留给自己最亲近的人。比如，经常流露出一些坏脾气或不耐烦。这是为什么呢？

这主要是因为我们觉得亲近的人更容易包容自己，甚至会无条件地接受我们的缺点和负面情绪。这种安全感让我们在他们面前更放松，无须刻意控制自己的情绪，从而更容易展现负面情绪。

的确，亲密关系中的安全感常常让人误以为可以无条件地将负面情绪倾泻在最亲近的人身上。因此，屡屡表现出"对内狠，对外怂"的行为模式。

在经典喜剧《大内密探零零发》中，有一幕场景颇具讽刺意味：主角零零发，一个满脑子古怪想法却不谙武艺的特工，因未能得到皇上的赏识而郁郁寡欢。心中的苦闷在工作场所无处发泄，他将这份不满带回了家，与妻子因日常琐事发生了激烈的争吵。

妻子质问他："是谁让你不痛快，你就去找那个人理论！别拿我当你的出气筒！"

零零发却理直气壮地回答："因为我跟你熟啊！"

人们常说"被偏爱的有恃无恐"，在亲密的人面前，我们往往觉得安全，于是便开始放纵，以为无论怎样伤害对方，都会被轻易原谅。然而，

这种行为模式忽视了关系中应有的尊重与界限，长此以往，必将侵蚀感情的根基，导致信任与爱逐渐被消磨。

真正的亲密关系建立在相互尊重与理解的基础上。它不应成为负面情绪的垃圾桶，而应是彼此成长与支持的空间。当我们在亲密关系中遇到挫折或不满时，应当学会健康的情绪管理，通过沟通而非宣泄来共同解决问题，这样才能维护关系的和谐与稳定。

"爱不是你寻找的，而是你创造的。"真正的情感是基于理解和宽容，是主动去创造一个彼此都能接受的空间。因此，对亲密的人要多一些包容和理解。

- 降低期望：接受"不完美"的真实

我们每个人都有缺点，亲密的人也不例外。与其期待他们成为完美无缺的人，不如降低期望，接受他们"不完美"的真实。每个人都有自己的成长轨迹，我们不应该强求他们按照我们的标准来改变。

与其苛责他们的缺点，不如多关注他们的优点，鼓励他们朝着更好的方向发展。当我们能够接受他们的不完美，并给予他们支持和理解时，我们之间的亲密关系才能更加稳固、更加持久。

- 换位思考：多站在对方的角度思考

亲密关系中，许多矛盾都是由缺乏换位思考造成的。当我们对亲密的人感到不满时，不妨尝试站在他们的角度思考问题。他们为什么会做出这样的选择？背后有什么样的原因？换位思考可以帮助我们更好地理解对方，减少误会和矛盾。

比如，当爱人因为工作压力而忽略了你时，不要马上指责他们，而是询问他们最近的工作压力，并给予支持和安慰。当朋友因为某些事情而对你有所隐瞒时，不要立刻生气，而应试着理解他们背后的原因，看看是否可以帮助他们解决问题。

- 宽容待人：保持内心的平和

亲密关系需要理解和包容，而非苛刻和指责。每个人都有自己的局限性，亲密的人也一样。学会宽容待人，给予他们理解和包容，是维系亲密关系的关键。当我们能够宽容地对待亲密的人时，就能更好地理解他们，包容他们的缺点，欣赏他们的优点，从而让彼此之间的关系更加和谐，生活更加幸福。

亲密关系需要经营，需要付出，更需要理解和包容。懂得一些宽容定律，学会对亲密的人宽容，才能让彼此的关系更加稳固，生活更加和谐。愿我们都能在亲密关系中学会宽容，学会理解，学会爱。

58. 再熟也不能逾矩，警惕"超限效应"

亲密关系是人与人之间最珍贵的情感连接。无论是亲人、爱人，还是朋友，我们都渴望与他们建立深厚而持久的情感关系。然而，再亲密的关系也需要保持一定的界限，因为过度亲密往往会引发"超限效应"，最终导致关系的破裂。

在人际关系中，"超限效应"可以被理解为，当一方对另一方的干涉或关注超过了合理的界限时，就会使原本积极的互动产生反效果，导致关系紧张或疏远。

心理学家举过这样一个例子：

当女友说想吃梨时，男生会开心地把梨送来，这是亲密的见证。如果这位男生不喜欢吃梨，而女生却认为梨既美味又营养，坚持每天吃一个，并要求男友也必须吃，这便逾越了亲密的界限，是一种"挟持"。

生活中，诸如此类的亲密行为，虽然起初都出于好意，结果却往往演变为控制，甚至是道德绑架。人与人之间的相处，就像冬日里相互依偎的刺猬，唯有保持恰当的距离，才能既享受到彼此的温暖，又避免尖刺的伤害。因此，人际交往中保持必要的距离至关重要。它要求我们在亲密无间与保持独立之间找到平衡，既能够分享生活的点滴，又能尊重彼此的个性与选择。

许多家庭矛盾、情感纠葛、人际问题等，究其根源，大多是因为边界感缺失——当彼此之间的关系过于紧密时，容易引发"超限效应"。原本良好的关系可能因此受到伤害。

李先生经营着一家特色餐厅。为了庆祝开业并吸引顾客，他在开业前夕宴请了一群好友品尝美食。让他始料未及的是，两周后，仍有部分朋友以"老熟人"的身份光临，声称自己是东家的朋友，理应享受免单待遇。

还有一些朋友不仅自己常来，还带着家人、同事一同前往，而且豪爽地吩咐一同前来的人："尽管点，这家店是我哥们儿开的，咱们都是一家人。"面对这种情形，李先生心中颇为恼火，却又碍于情面，难以开口拒绝。

频繁为朋友免单，本就不丰厚的利润被一点点蚕食，李先生陷入了左右为难的境地。他渐渐意识到，与这类朋友的界限模糊，不仅损害了生意，也让他备感压力。

《增广贤文》中有言："相逢好似初相识，到老终无怨恨心。"人与人之间最为舒适的关系，应建立在尊重界限的基础之上，即便熟悉，也不逾越彼此的边界。在这个案例中，李先生正确的应对之道是：适时与这类朋友明确界限，适度减少交往，必要时甚至需要果断割舍这段关系。

每个人都有两种生存空间：一是可见的物理空间，涉及我们居住、工作的实体环境；二是隐秘的心理空间，关乎我们的内心世界，包括情感、思想和个人隐私。边界感实质上是一种辨识并维护自我与他人界限的能力，它如同一道心灵的围栏，界定着我们与外界的交互规则。它类似于居室的门户，当门扉紧闭时，即意味着他人须征得许可方可踏入这片私域。

有人曾说："人与人交往需要保持一尺的距离，远了心就淡了，近了恩怨就多了。"这就像阅读一本书，离书太近或太远，字都会模糊，只有保持一个适当的距离，字才是清晰的。

在这个世界上，距离产生美。人生和世事，靠得太近，都会出现问题。长久的人际关系，不是不分彼此的融合，而是保持适度的距离，给予对方足够的尊重与空间，行事有度，亲密有界。

59. 远离"消耗型关系",好的关系才能带来滋养

在人生的旅程中,我们会与各种各样的人打交道。在这些关系中,有的如同春日暖阳,给予我们温暖和力量;有的则像冬日寒风,不断消耗我们的能量和热情。正如著名心理学家阿德勒所言:"人的烦恼皆源于人际关系。"学会辨别并远离那些"消耗型关系",才能让我们的生活更加充实和美好。

消耗型关系,是指那些让你感到疲惫、焦虑、自我怀疑,甚至不断消耗你能量的关系。它有一个典型特征,即表面看似和谐,实则充满了负面情绪和压力。比如,你有个朋友,每次见面总是向你抱怨生活的不如意,把你当成情绪垃圾桶,却从不关心你的感受;或者你的同事总是在工作中给你使绊子,抢你的功劳,让你在工作中感到压力巨大。

许多时候,消耗型的关系在拖垮一个人的同时,还会让他以为一切都是自己的错。其实,他并没有什么错,错的是不对等的关系和不合适的人。

丽丽结婚6年,孩子3岁。在朋友眼中,她的生活过得很幸福。其实,当剥开那层光鲜亮丽的外衣时,里面却是一地鸡毛,充满了不为人知的疲惫与挣扎。

在这段婚姻中,丈夫虽然承担了家庭的主要经济开支,但他几乎从不参与家务劳动,也很少照顾孩子。这使得丽丽在工作的同时,还要承担烦

琐的家务和育儿任务，她经常感到力不从心。

她想继续深造，提升自己的能力，将来有一份自己的事业。但是，丈夫却不同意。他甚至怒斥丽丽自私自利，只考虑自己的利益而不顾家庭。

这样的争执和冲突在两人之间频繁发生，每一次都像一把锋利的刀，切割着他们原本脆弱的感情纽带，导致不满情绪在彼此心中越积越多。

最终，在无尽的争吵和疲惫中，他们选择了离婚，结束了这段曾经看似美好却实则充满消耗的关系。

真正好的感情一定是相互的，不计较得失的。不论在任何关系中，凡事过于计较，往往只会带来伤害和消耗，而真正的幸福则来自相互的理解、支持和包容。所以，在一段关系中，如果你开始感到被掏空的疲惫感和无力感，那说明你的自信心和自我价值感在流失。这样的关系，很可能就是消耗型关系。

在现实生活中，想要远离"消耗型关系"，不仅需要认识到自身的价值，还需要做出一些积极的改变。

- 觉察现状，正视问题

首先要清楚地认识到自己所处的关系是否是"消耗型关系"。问问自己：这段关系是否让你感到快乐？你是否感受到对方的尊重和爱？你是否拥有自我价值感？如果答案是否定的，那么你需要认真思考这段关系是否值得继续。

- 少索取，懂得感恩

有人曾说："没有人天生该对谁好，所以我们要学会感恩。"没有谁对谁的好是理所当然的，帮你是情分，不帮是本分。若你一味索取，总想着占别人便宜，再好的关系也会慢慢走向疏离。人际交往中，有舍有得是智慧，有来有往是分寸。学会少索取，多感恩，在相互付出中，才能将一段关系维系得深厚绵长。

- 建立清晰的个人边界

界限不仅定义了我们的个人空间和权益，还保护了我们不受伤害。明确告诉对方你的底线，这不仅是对自己的尊重，也是对关系的尊重。当我们清楚地表达自己的界限时，对方才能更好地理解我们的需求和期望，从而避免不必要的误解和冲突。

- 懂得及时止损

如果一段关系无法改善，并且对你造成了严重的负面影响，那么勇敢地告别这段关系是最好的选择。不要因为害怕孤独而继续忍受消耗，只有离开才能真正获得新生。看清真相，及时止损，不为任何人而迷失自己，是成年人最大的清醒，也是最高级的自律。

不好的朋友就像不好的食物，会损害我们的身体；不好的朋友就像有毒的植物，会损害我们的心灵。远离消耗型的关系，寻找那些真正能够滋养我们心灵的人，才能感受到被关注、被理解、被爱的美好。

第七章

整合资源，描绘向上进阶的底层逻辑

60. 洞察资源之脉络，绘制你的"价值地图"

每个人手握的资源千差万别，有的人厚积薄发，有的人囊中羞涩。然而，无论个人资源的丰富程度如何，只要能洞察资源之脉络，就有机会创造出属于自己的独特价值。

这里的"资源"并非仅指金钱、地位、权力等物质层面的元素，还包括知识、技能、人际关系、意志力等无形资产。只有明确自身所拥有的各类资源，并深入理解其内在联系，才能规划出通往成功的"价值地图"。

"价值地图"是什么？它并非一张实体地图，而是你对自身资源、能力、机遇的清晰洞察，以及你对自身价值的精准定位。简单来说，它是你通往成功的"藏宝图"。

公元前139年，汉武帝为了联合大月氏对抗匈奴，派遣张骞作为使者前往西域。这次出使，对于张骞本人和整个汉朝来说，都是一次开拓未知领域的历程。

张骞在出使前，对自身的资源和能力进行了评估。他深知自己作为汉朝使臣，能够代表国家进行外交谈判。同时，他也具备一定的军事知识和探险精神，能够应对旅途中的各种挑战。

张骞对当时的国际形势有着敏锐的洞察力。他清楚，如果能够打通与西域各国的联系，不仅可以削弱匈奴的势力，还能开辟新的贸易路线，促进汉朝的经济繁荣。

在出使过程中，张骞遭遇了匈奴的拦截，被囚禁长达十年之久。但他没有放弃，利用这段时间学习匈奴和周边民族的语言文化，收集了宝贵的信息。最终，他成功逃脱，继续完成了使命，带回了关于西域的详细情报。

每个人都是独一无二的，拥有不同的天赋、经历和资源。这些资源如同我们"绘制地图"的基石，只有深刻地洞察它们的脉络，才能找到属于自己的价值坐标。

在生活与工作中，我们如何绘制自己的"价值地图"呢？可以遵循"三步走"策略。

- 第一步，资源盘点，找到你的"财富宝藏"

列出你所有的资源，包括知识、技能、人脉、经验等，不要忽略任何看似微不足道的部分，因为每一块石头都可能成为你未来成功路上的基石。

就像矿工需要勘探才能发现矿藏，我们也需要对自身进行深入的审视，才能发现隐藏的宝藏。问问自己："我有哪些擅长的技能？""我对什么充满热情？""我有哪些独特的经历和经验？"

- 第二步，绘制地图，明晰你的"航海指南"

找到"财富宝藏"的线索后，需要将它们串联起来，绘制出一张清晰的"价值地图"，以指引我们前进。具体的方法包括：

首先，进行环境扫描。分析你所处的环境，包括行业趋势、市场需求、竞争态势以及潜在的机会和威胁。这相当于观察海图，了解风向、洋流和潜在的暗礁。

其次，进行资源盘点。清点你手头的资源，如资金、人脉、知识和时间。这些是你航行的燃料和补给。

最后，目标设定。基于自我认知和环境分析，设定具体、可衡量、可达成、相关性强、时限明确的目标。这是确定航程中的各个重要站点。

- 第三步,路径规划,开启"宝藏之旅"

路径规划是指设计一条从当前位置到目标地点的路线。需要考虑所有可能的障碍和机会,制订相应的策略和行动计划。

首先,分解目标。将大目标拆解成一系列小目标。每个小目标都应该是可实现的,并且有助于推动整体进程。这个步骤确保你的旅程被分成易于管理的部分。

其次,进行优先级排序。确定哪些任务是较关键的,哪些可以稍后处理。使用四象限法则(重要且紧急、重要但不紧急、不重要但紧急、不重要也不紧急)来帮助你确定优先级。

最后,资源分配。确保你拥有完成每项任务所需的资源。这可能包括人力、财务、物资或信息。提前准备并预留一些资源以应对突发情况。

完成路径规划后,就可以据此制订你的行动计划,将资源转化为实际行动。同时,不断优化和升级你的"价值地图"。这意味着你需要学习新技能、拓展人脉网络,或是寻求合作伙伴。当然,绘制"价值地图"并非一蹴而就,需要你不断探索和实践。

61. 知识整合：构建并利用自己的知识体系

在日常生活中，我们会学习许多技能和知识，但很多时候会陷入一种"只见树木，不见森林"的状态。比如，我们知道锤子可以用来钉钉子，螺丝刀可以用来拧螺丝，但当我们需要制作一张桌子时，就束手无策了。为什么？因为心中没有整体的框架和流程。说白了，就是只会孤立地看待每项技能，而不善于将其整合。

同样的道理，在阅读了许多书籍后，虽然对每本书的内容都非常了解，但在实际运用时，却觉得它们毫无用处，为什么？因为所学的知识没有形成体系，各个知识点成了彼此孤立的碎片。其实，一个人拥有的各种经验、知识、技能等就像一颗颗珍珠，只有将它们串联起来，才能形成一条璀璨的项链。这里的"串联"即知识整合，"项链"即知识体系。

知识体系，简单来说，就像一张思维导图，让你所学到的知识、技能、经验等形成一个相互关联、相互补充的网络。它可以帮助你快速获取信息，并深入理解问题，从而创造性地提出解决方案。

构建个人知识体系，就像在三维空间中描绘一幅立体画卷，从点、线、面、体四个维度逐步展开，每一层都承载着不同的意义和功能，共同构成一个完整、立体的知识架构。

- 点：知识原子

"点"代表了知识体系中最基础、最微观的组成部分，可以是一个公式、一个概念或一个术语。这些知识原子看似微小，却是整个知识体系的基石。构建个人知识体系的第一步，就是要积累这些"点"，通过广泛阅读和学习，收集各种知识点。这个阶段，就像在广阔的知识宇宙中搜集星星点点的光芒，虽然分散，但每一点都是未来知识网络中的宝贵财富。

例如，刚开始学习烹饪，首先接触到的是各种各样的食材（如蔬菜、肉类、香料）和基本的烹饪技巧（如炒、蒸）。这些是烹饪知识体系中的"点"，是你开始烹饪旅程的基础。比如，学习如何切洋葱而不流泪，或者掌握煮鸡蛋的精确时间，这些都是独立而具体的知识点。

- 线：知识连接

当积累了足够的"点"之后，下一步是将这些孤立的知识点通过逻辑关系、因果联系或时间顺序等线索串联起来，形成"线"。这些"线"可以是你对某一学科的理解脉络，或是跨学科知识的桥梁。比如，在学习历史时，你可以将不同时期的事件按照时间轴串联，形成一条清晰的历史发展线；在科学领域，你可以将物理定律与数学模型相连接，揭示自然界的运行机制。通过建立"线"，你开始看到知识之间的内在联系，从而形成初步的思维框架。

- 面：知识网络

随着"线"的增多，它们开始交织成网，形成了"面"。知识网络是个人知识体系的重要组成部分，它涵盖了多个相关领域的知识结构，以及它们之间的交叉点和重叠区域。比如，经济学、心理学和社会学的交汇处孕育了行为经济学这一新兴领域；计算机科学与生物学的结合则诞生了生物信息学。构建"面"意味着你开始具备跨学科思考的能力，能够从多个角度审视问题，拓宽视野，增强知识的灵活性和实用性。

- 体：知识体系

最终，"面"的叠加和扩展，形成了一个完整的"体"，即个人知识体系。这是一个多层次、多维度的立体结构，包含了你对世界的全面理解和深刻洞察。在这个体系中，每个"点"都有其位置，每条"线"都有其轨迹，每个"面"都有其广度。它不仅是知识的集合，更是你思考方式、价值观和创造力的体现。拥有一个成熟的知识体系，意味着你能够在复杂的问题面前迅速定位关键信息，调动相关知识，提出创新解决方案。

综上所述，构建个人知识体系的过程，是从"点"到"线"，从"线"到"面"，再从"面"到"体"的升华过程。这需要时间和耐心，更需要深度思考和实践应用。一旦建成，它将成为你面对未知挑战时最坚实的依靠，让你在知识的海洋中自由航行，探索无限的可能。

62. 关系整合：发挥"人脉网络"的最大价值

很多人曾感叹，身边拥有不少朋友和熟人，却在关键时刻难以获得帮助。你是否也曾苦恼，人脉关系看起来庞大，但真正能发挥作用的却寥寥无几？

如果你深有同感，那么你需要了解一个重要的概念——关系整合。它并非简单地拥有大量人脉，而是指将这些分散的关系有效整合，形成一个互利共赢的网络，从而为你创造更大的价值。

这就像山没有脉，就无所谓雄伟；叶没有脉，就无法挺立。对于人来说，如果没有"人脉"这一无形的纽带，就如同鱼儿离开了赖以生存的水域，难以激起生命的浪花。

美国作家兼企业家马尔科姆·格拉德威尔曾说："成功并非偶然，而是无数微小努力的累积，而这些努力都与我们所处的环境息息相关。"人脉网络正是我们成功的土壤，而关系整合则是播种、灌溉和收获的关键。

小张一直怀揣创业梦想，他看准了智能健康设备这个领域比较有市场，便创立了一家公司。为了避免许多初创公司面临资金有限、缺乏行业经验等问题，在成立公司之前，他在关系整合方面可谓下足了功夫。

比如，他会参加各类行业交流活动，从中结识了不少技术领域的专业人才。在创业时，他联系了一位在智能硬件研发方面颇有造诣的朋友。这位朋友不仅自身技术过硬，还通过自己的人脉为小张推荐了其他几位优秀的工程师。他们组成了一支专业的技术团队，经过不懈努力，成功研发出了具有创新性的智能健康设备产品，在功能和用户体验上都优于市场上的同类产品。

再如，通过商业人脉快速解决了资金难题。小张有一位在投资圈工作的大学同学，通过这位同学的牵线搭桥，他结识了一些风险投资机构的负责人。小张凭借出色的商业计划书和产品理念，获得了一家知名风投机构的青睐，成功拿到了一笔关键的投资资金。

除此之外，小张通过参加行业展会、研讨会等活动，与多家大型健康机构、连锁药店建立了联系。这些人脉关系帮助他的产品迅速进入了多个销售渠道，提高了产品的市场曝光度和销售量。

经过几年的发展，小张的公司在智能健康设备市场站稳了脚跟，产品销量逐年递增，品牌知名度也越来越高。

构建人脉网络，本质上是一项精雕细琢的工程，它要求我们不仅要有广阔的视野，还要有精准的策略。对于普通人来说，该如何进行关系整合呢？关键要把握好以下四点。

- 构建清晰的个人价值主张

在构建人脉网络之前，先要确立你独一无二的价值主张。即告诉他人，你擅长什么，你能为他人带来什么价值。是专业知识的分享，还是独特的视角和创意？是解决问题的能力，还是广泛的行业资源？明确这一点，你就有了吸引志同道合之人的磁石。记住，当你能为他人创造价值时，自然也会吸引到愿意与你携手同行的伙伴。

- 积极参与社交活动

无论是线下的行业会议、社团聚会，还是线上的专业论坛和网络研讨会，都是展示个人魅力、结识新朋友的绝佳舞台。在这里，你不应仅仅是旁观者，而应成为参与者、贡献者。分享你的见解，倾听他人的故事，每一次真诚的交流,都是你人脉网络中的一根新丝线。

- 编织线上人脉网络

今天,社交平台已经成为连接世界的窗口。通过这些平台,你可以轻松跨越地理限制,与行业专家、意见领袖直接对话,分享你的思考,获取宝贵的反馈。同时,积极参与平台上的群组讨论,主动发起话题,或对他人的话题给予有价值的评论,都能让你在无形中拓宽人脉圈,增加被他人关注和认可的机会。

- 创造机会,促进合作

人脉网络的建立不是单向索取,而是双向赋能。因此,你要乐于分享资源、提供帮助,并与他人建立互信关系。这样,当你需要帮助时,才会得到真诚的回应。比如,一位从金融行业转行至教育行业的专业人士,通过定期组织小型聚会和线上研讨会,与前同事和新认识的教育界人士保持联系。这不仅帮助她快速适应新领域,还促成了几个合作项目,包括金融素养教育计划。

人脉不仅是社交的附属品,更是一把钥匙,可以打开许多机遇之门。每一位你遇见的人,每一次深入的交谈,都可能是通往新机遇的入口。因此,珍惜每一次相遇,用心维护每一段关系,重视人脉关系的整合,这可以为个人的发展带来无尽的机会、资源和灵感。

第七章 整合资源，描绘向上进阶的底层逻辑

63. 团队整合：与他人协同作战，提升效能

你是否经历过团队合作的挫折感？目标一致，却步调不一；想法碰撞，却火花寥寥；最终成果远不及预期，留下的是疲惫和失望。这并非个例，而是许多团队在协作过程中普遍遇到的难题。然而，想要实现"1+1>2"的团队效能，团队整合是关键。

有句话叫："独木不成林，单弦难成曲。"这句话深刻揭示了团队合作的重要性。一个人的力量是有限的，但当一群志同道合的人聚集在一起时，就能创造出令人惊叹的奇迹。

就像一个交响乐团，每个乐手都拥有精湛的技艺，但只有当他们共同演奏时，才能创造出震撼人心的乐章。同样，一个成功的团队不仅需要成员具备各自的专业技能，更需要他们像乐手一样，默契配合，协同作战，才能奏响事业的凯歌。

在日本，有一家公司曾采用一种非传统的评估方法来考察应聘者。该公司组织了一次户外活动，将所有应聘者带到一片林地中，然后随机配对，每对发放一把锯子，任务是共同将指定的一根原木锯断。这个过程不仅考验了个人的体力和技巧，更重要的是检验了两个人之间的沟通和协作能力。有些组合因为缺乏默契，节奏不一，锯木的过程异常艰难，耗时良久；而有些组合则迅速找到了配合的节奏，高效且顺利地完成了任务。

最终，这家公司会根据团队合作的表现来决定是否录用。有人将这种

通过实际操作来评估团队合作能力的现象，称为"拉锯效应"。

在现代社会，个人的才能固然重要，但能够与他人有效协作、共同达成目标的能力同样不可或缺。无论是在职场还是日常生活中，学会倾听、沟通以及与他人协作，都是取得成功的重要因素。

那么，在与他人协同作战的过程中，要注意哪些问题呢？

- 建立共同目标，凝聚团队力量

正如《高效能人士的七个习惯》的作者史蒂芬·柯维所言："没有共同目标，合作就无从谈起。"一个清晰、明确的共同目标是团队凝聚力的核心，它能激发成员的热情和责任感，让所有人都朝着同一个方向努力，心往一处想，劲往一处使。

需要注意的是，共同目标不应是自上而下的指令，而应是自下而上的共创。邀请团队成员参与目标设定过程，通过集思广益，让每个人的声音都被听见，每个人的创意都被珍视。这样诞生的目标，才会被所有人视为己任，激发出强烈的归属感和参与感。

- 明确角色与责任

作为团队的一员，应清楚自己的职责范围和预期成果。明确的角色分配可以减少重叠工作，避免混乱，同时确保每个人都对自己的部分负责，从而提高效率和责任感。

为了防止误解和遗忘，最好将职责书面化，形成正式的岗位描述或工作指南。这不仅是个人行动的依据，也是团队合作的契约。

- 畅通沟通渠道，促进相互理解

沟通是团队合作的桥梁。只有打破信息孤岛，建立顺畅的沟通渠道，才能消除隔阂，增进相互理解。团队成员之间要积极交流，坦诚沟通，及时反馈，才能有效地解决问题，共同进步。为了确保沟通渠道畅通，可以运用多种方法。比如，定期举行团队会议，无论是面对面还是线上会议，都能提供一个固定的平台，让团队成员分享进展、讨论问题和提出建议。再如，利用电子邮件、即时消息、项目管理软件等工具，确保信息的实时共享和记录，便于追踪和回顾。

- 发挥个人优势，形成合力

团队如同一台精密的机器，每位成员都是不可或缺的零件，各自承担着不同的功能。要想让这台机器运转得高效顺畅，关键在于如何充分发挥每个零件——团队成员的独特优势，让他们在合适的位置上发光发热。因此，应根据个人优势分配合适的任务和角色。比如，具有一定分析能力的人可以负责数据处理，创新能力强的人可以主导设计。这样可以让每个人在擅长的领域内发挥最大效能。

团队的实力并非单纯由其规模决定，而在于其成员能否凝聚成一股协同的力量。真正的团队，是每个个体都能在其内部找到专属角色，将个人的独特能力与热情汇入集体的洪流之中。这种融合不仅仅是简单的数字叠加，而是一种化学反应，能够产生远超个体总和的强大力量。

64. 时间整合：在有限的时间里追求效率最大化

在生活中，你是否经常陷入这样的困境：

尽管日复一日地辛勤工作，但总感觉进度缓慢，任务清单似乎永远也画不完钩；心中有许多梦想与计划，却苦于找不到实施的时间，那些美好的构想渐渐蒙尘；工作与生活的界限日益模糊，重压之下，个人时间和空间被无情挤压，身心健康亮起了红灯。

为什么同样是一天24小时，有的人却能游刃有余，甚至成就斐然，而自己却总是陷入疲惫与焦虑的循环？

其实，问题的症结不在于时间本身，而在于我们没有合理利用时间，也就是不善于进行时间整合。时间整合超越了传统意义上的时间管理，它倡导的是一种更为智慧的生活态度与工作哲学。通过掌握时间整合的艺术，我们能在有限的时间里实现更多"产出"，而不是让自己时常处于空转状态。

那如何对时间进行整合，在有限的时间内追求效率最大化呢？关键在于把握以下四个方面。

- 优先级设定

在对事情设定优先级时，可以遵循"四象限法则"。该法则将事情按轻重缓急程度分成四大类，分别是：重要且紧急的事、重要但不紧急的事、紧急但不重要的事、不重要也不紧急的事。

有了这个任务清单，我们要确保优先处理那些对个人成长和目标实现有直接影响的事项，同时保持对紧急事件的敏感度，合理安排日常琐事，留出时间给自己充电和放松。

- 屏蔽干扰

学会屏蔽干扰，给自己设置专用时间，这是提高工作效率的重要方法。有句话说得好："事必专任，乃可责成；力不他分，乃能就绪。"

比如，每天为自己划定一段"零干扰时间"。在这段时间里，远离电子设备的诱惑，将手机设置为飞行模式，将桌面清理干净，只留下与当前任务相关的物品。这样的环境设置是为了让你更容易进入心流状态——一种全神贯注、忘我投入的境界。在这种状态下，时间仿佛失去了意义，唯有眼前的挑战和内心的满足。当屏蔽了外界的杂音后，不仅能更好地保持专注力，也能极大地提升办事效率。

- 正向反馈

每当一个小目标达成时，不论多么微小，都要给自己一些正面的反馈。这可以是一句简单的自我赞扬："干得好！"或者一次小小的奖励，比如看一集喜欢的电视剧，享受一杯咖啡的时光。这些正向的反馈，虽然简单，却能极大地提升我们的幸福感和成就感，激励我们继续前行。

当一个个小目标达成时，我们不仅会发现自己的生活发生了质的改变，更重要的是，我们会收获一份珍贵的财富——自信与毅力。这些品质将成为我们面对未来挑战的坚实后盾。

- 善用等待

在生活中，我们经常会疑惑：时间究竟花在哪了？其实，答案就隐藏在那些不经意的等待中——等待外卖送达、排队等候服务，或者餐厅就餐前的闲暇。很多时候，我们的时间都被切割成这些零星的片段，进而在不经意间流失掉了。

有人曾说："以分钟为单位计算时间的人，相比那些以小时计算时间的人来说，时间似乎多了近60倍。"我们平时要学会利用零散的时间。比如，利用乘车时间回复工作邮件或参与在线课程，让通勤的过程不再单调，而是成为自我提升的黄金时段；在享受电视节目之余，穿插简单的伸展运动，不仅放松心情，还能保持身体活力；等等。

高效的时间管理不是为了填满每一分钟，而是为了留出更多时间去做真正热爱和有价值的事情。正如史蒂芬·柯维所说："时间是创造性的材料，我们如何使用它，决定了我们成为什么样的人。"通过实践上述原则和方法，你将能够更好地整合时间，追求效率最大化。

65. 资金整合：为"逆袭"提供坚实的经济基础

在人生的赛道上，"逆袭"并非只存在于小说和影视作品中，也可能真实地发生在每一个普通人身上。而资金整合正是通往"逆袭"之路的基石，为梦想的实现提供坚实的经济基础。

经济学告诉我们，资源是稀缺的，而有效的资源配置是取得成功的关键。资金作为重要的资源之一，经过合理整合后，能够最大限度地发挥其效用。资金整合的核心在于将分散的资金集中起来，并根据个人目标和风险偏好进行合理分配，从而为个人和企业创造更大的价值。

巴菲特的导师本杰明·格雷厄姆曾说："如果你没有找到一个在你睡觉时还能挣钱的方法，你将一直工作到死！"或许是受此启发，巴菲特和许多投资者一样，开始探索和实践各种被动收入策略，以期实现财务自由，其中就包括资金整合。

在巴菲特的早年投资生涯中，他展现出了卓越的资金整合能力。他通过仔细分析和研究市场，发现了一些被低估的优质股票。然而，他个人的资金有限，无法大规模地进行投资。怎么办？于是，他开始整合身边亲朋好友的资金。他以自己的专业知识和坚定的投资理念，成功说服了一些信任他的人将资金交给他管理。例如，他的邻居、同事和亲戚等纷纷投入资金。巴菲特将这些零散的资金整合起来，形成了一个相对较大的投资资金池。他凭借精准的投资眼光和出色的风险控制能力，为投资者带来了丰厚的回报。

对普通人来说，资金整合并非遥不可及的高端金融操作，而是一种通过系统性管理和优化个人财务，实现财富增值和财务目标的实用策略。在日常生活中，资金整合意味着将收入、储蓄、投资和债务等财务资源进行综合考量和规划，以期达到更高的财务效率和稳定性。

- 全面盘点个人财务状况

你需要清楚地了解自己的收入、支出、储蓄和债务情况，并据此制作一个详细的财务报表。该报表应包括每月的固定收入和支出，以及任何现有的储蓄和投资账户。

- 设定财务目标

明确你的短期和长期财务目标，这些目标可能包括紧急基金的建立、偿还债务、教育基金、退休储蓄或购房计划等。这些目标将指导你的资金整合策略。

- 制订预算和储蓄计划

根据你的财务目标，制订一个切实可行的预算，确保你的支出不超过收入，并为储蓄和投资留出空间。同时，设定自动储蓄机制，让一部分收入直接转入储蓄或投资账户。

- 优化债务管理

审视你的债务，优先偿还高利率的债务，如信用卡债务。考虑进行债务重组或合并，以降低利率和月供，从而释放更多资金用于投资。

- 定期审视和调整

定期检查你的财务状况和投资组合，根据市场变化和个人财务目标的进展进行必要的调整。这可能包括重新平衡投资组合、调整预算或重新评估财务目标。

通过资金整合，普通人不仅能够更好地控制自己的财务状况，还能为实现长期的财务目标打下坚实的基础。这不仅是一种理财策略，更是一种生活方式，它要求我们有意识地规划和管理个人财务，以达到财富增值和财务安全的状态。在这个过程中，耐心和纪律是关键，而持续的学习和适应市场变化的能力，将帮助我们更好地驾驭个人财务。

66. 信息整合：让信息更好地为自己服务

如今的社会是一个以信息为基础的社会，信息无处不在。零散的信息本身并无价值，只有经过整合、加工和理解才能转化为有用的知识。比如，从制作PPT、进行演讲，到出门着装、下厨做饭，都是各种信息的有效整合。

高效能人士总是能从别人眼中的"垃圾"信息中发现机会与价值。这种敏锐的洞察力和对信息的深度整合能力，正是他们区别于常人的重要特质。

李某是某公司研发部的经理。一次，他在浏览社交媒体时，偶然注意到一个关于环保材料的帖子。大多数人可能只会将其视为一条普通的环保宣传，然后迅速滑过。然而，李某却敏锐地察觉到：帖子透露出的消费者对环保材料的兴趣和需求，可能是未来市场的一个潜在趋势。

于是，他组织人员开始深入研究环保材料的市场潜力，分析消费者偏好、竞争对手动态以及供应链的可行性。同时，他还利用数据分析工具，从大量的社交媒体评论和论坛讨论中，进一步提炼出公众对环保材料的具体期待和担忧，比如材料的耐用性、成本以及对环境的实际影响。

随后，他将这些信息整合成一份详尽的市场调研报告，包括如何定位产品、如何与潜在的合作伙伴建立联系，以及如何通过社交媒体和线下活动提升品牌知名度。基于这份报告，公司决定推出一系列由环保材料制成的产品，结果大受市场欢迎。

在这个案例中，李某从海量信息中提炼出价值，结合深度分析与创新思维，为企业开辟出新蓝海，实现了商业与社会价值的双重提升。

当然，信息整合并非企业高层、职业经理人或某些特定职业人士的专属技能。在当今社会，它应是每个人都需具备的基本技能。这意味着我们要能够从日常接触到的海量数据中筛选、分析并利用有价值的信息，以提升个人决策的质量和生活的效率。

信息整合不只是收集和堆积信息那么简单，它需要运用一系列科学的方法和技巧，以确保所整合的信息不仅量大而且质优，能够满足个人或组织的特定需求。以下是一些整合步骤的大致概述。

- 确立目标与基调

信息整合的出发点在于清晰的目标设定。无论是制作年度总结报告，策划一场活动，还是筹备个人演讲，明确你希望通过整合信息实现什么目标至关重要。比如，年度总结报告旨在全面回顾过去一年的亮点与挑战，因此，设计风格应体现专业性与严谨性，内容应聚焦于数据、成就与反思，确保信息传达的准确性和深度。

- 搜集与预处理资源

一旦目标明确，接下来需要收集所有相关资源，包括文本、图片、图表、视频等，确保覆盖所需的所有信息点。在整理过程中，应初步剔除无关或低质量的材料，以减少后期的工作量。同时，对素材进行初步分类，比如按主题、时间或重要性排序，为下一步构建框架打下基础。

- 构建结构框架

构建结构框架是信息整合的核心步骤，它为内容的组织提供了清晰的脉络。以年度总结报告为例，可以将内容划分为多个板块或章节，每个部分再细分为若干小节,确保信息层次分明、逻辑连贯。在构建框架时,考虑到受众的接受习惯,采用"结论先行"或"故事讲述"等策略,可以提升信息的吸引力和说服力。

- 内容填充与优化

在框架构建完毕后,将预先收集和分类的资源填充到相应部分。这一过程不仅是简单的堆砌,还需要对每一块内容进行深度加工,确保信息的准确、连贯与引人入胜。可能需要对文字进行编辑,对图片进行裁剪或调整色调,对视频进行剪辑,以贴合整体风格与主题。

- 最终检查与调整

在内容基本完备后,进行最后的细节打磨,包括校对文字错误、调整版式布局等。进行最终审查时,要检查信息的完整性和准确性,排除任何可能的误导或歧义,确保每一处细节都符合预期,为最终成果增光添彩。

通过遵循这一系列步骤,信息整合的过程不仅变得系统化和高效,而且能够确保最终产出既符合预期目标,又具备高质量和吸引力。

67. 平台整合：利用网络之力，放大资源效应

今天，网络平台扮演着越来越重要的角色，它如同一个巨大的连接器，将人、物、信息紧密地联系在一起。平台整合正是利用网络的连接优势，将分散的资源汇聚成一个整体，形成合力，从而实现资源效应的放大。

平台整合的理论基础在于网络效应和协同效应。网络效应，指平台的用户数量越多，平台的价值就越高，从而形成吸引更多用户加入的正反馈循环。比如，社交平台的用户数量越多，平台的用户价值就越大，进而吸引更多用户加入。协同效应则是指，多个资源组合在一起，能够发挥出超越单个资源的价值。比如，将物流、支付、信息等资源整合在一起，就能形成强大的电商平台。

张先生是某旅行社的老板，他深知旅游市场的痛点和需求，决心通过企业的在线平台整合各方资源，提供一站式旅游服务，以此实现盈利。

他先是与各大航空公司、酒店、景区等合作伙伴建立了紧密的合作关系，将各类旅游资源整合到平台上。用户只需在平台上输入出发地、目的地和出行时间，即可浏览丰富的航班、酒店和景区信息，轻松规划自己的旅行路线。

为了提升用户体验，他还与当地的导游、餐饮等服务商合作，为用户提供更加贴心的"地接"服务。此外，平台还提供旅行攻略、景点推荐等增值服务，帮助用户更好地了解目的地，提升旅行体验。

经过他的一番整合，公司凭借丰富的旅游资源和优质的服务，迅速在市场上崭露头角。越来越多的用户选择通过该公司的平台来规划自己的旅行，平台的用户量和交易额不断攀升。

平台整合能够有效汇聚和利用分散的资源，提升服务效率，增强市场竞争力，最终实现商业价值。对于个人而言，该如何利用网络的力量，实现资源整合，从而放大资源效应呢？可以采用以下三步走战略。

- 明确目标，精耕细作

首先，明确个人发展目标，确定目标受众，并选择合适的网络平台。比如，要想成为写作领域的博主，可以选择微信、微博等平台。其次，要围绕目标进行内容创作，积累优质内容，并不断优化内容形式和传播方式。

- 构建人脉，互利共赢

通过平台互动，积极参与讨论，结识同领域人士，建立人脉关系。可以利用平台提供的社交功能，加入相关社群，参加线上线下活动，拓展朋友圈。同时，要学会换位思考，以互利共赢的思维帮助他人，积累人脉资源。

- 整合资源，协同发展

当拥有了一定的粉丝基础和人脉资源后，可以尝试将自身资源与平台资源以及外部资源进行整合。例如，可以与平台合作，推出付费课程，或是与合作伙伴共同举办线上线下活动，实现资源的协同发展，共同放大资源效应。

平台整合是一种有效的资源利用策略，可以帮助个人实现自身价值，并在网络时代取得成功。然而，这需要个人不断学习、不断尝试，并坚持不懈地努力。相信只要坚持，每个人都可以利用平台的力量，实现自己的梦想！

第八章

实现"逆袭",唤醒人生"翻盘"的底层逻辑

68. 告别"无用的思考","逆袭"从行动开始

在生活中,很多时候我们会将时间浪费在焦虑和幻想中:计划着未来,却迟迟不愿行动;分析着风险,却忽略了机遇。最终,只能眼睁睁地看着机会从手中溜走,而自己却一直停留在原地。

为什么?因为我们陷入了"无用的思考"的陷阱。那么,什么是"无用的思考"?它通常指的是那些反复在脑海中盘旋、消耗心理资源,却不能带来实际解决方案或正面成果的思维过程。这种思考方式往往伴随着焦虑、自我怀疑、过度担忧以及对过去的后悔或对未来的不切实际的幻想。

比如,不断回忆过去失败的经历,一边沮丧一边自责;反复担忧未来可能出现的困难,徒增焦虑和压力;对当下微不足道的小事过度关注,分散自己的精力,降低效率。这些思考都无法改变现状,只会消耗我们的时间和精力,并将我们困在无尽的思绪旋涡中,让我们陷入自我怀疑、过度分析和瞻前顾后之中。

有这样一个笑话:

有一个青年,他怀揣着一夜暴富的梦想,每隔几天便踏入村头的一座庙里祈祷,希望神仙能保佑他中一次大奖。

第一次,他跪在石板上,恳求道:"我愿将一生奉献于善行,只求您一次垂怜,让我中一次头奖。"

第二次,他的语气中夹杂着不解与哀怨:"我自问未做过亏心事,为

何连这点心愿都无法实现呢？"

此时，庙里回荡起深沉的声音："孩子，我一直聆听着你的祈祷。然而，若真心渴望奇迹，首先得勇敢地迈出第一步——至少，你得先买一张彩票。"

不论做什么事，仅仅停留在愿望、祈祷或过度思考阶段，并不能带来实质性的变化。想要达成目标，不应过度沉溺于预设的各种可能性中，进行无用的思考。

当你发现一件事毫无进展，并让自己陷入负面情绪时，不妨停下来想一想：自己的思考是否有助于解决问题？它们能带来积极的影响吗？如果答案是否定的，那么，请立即停止这种"无用的思考"，并做出积极的改变，不要一味地停在原地反复推演。

- 培养积极的思维方式

要学会将注意力集中在我们可以掌控的事情上，积极思考解决问题的方法，而不是沉溺于无法改变的过去或难以预知的未来。积极的自我暗示，如"我能做到""我会克服困难"，能帮助我们重拾信心，摆脱消极情绪。

- 设定小目标，循序渐进

将宏伟的目标分解成一个个小目标，逐步实现。每个小目标的完成都会带来成就感，激励我们继续前进。比如，若想减肥，可以从每天步行半小时开始，逐渐增加运动量。

- 停止无效思考，立即行动

停止无效思考，将行动视为解决问题的关键。行动可以带来直接的反馈，帮助我们清晰地认识自身的能力，并找到改进的方向。心理学研究表明，行动本身能够激发积极的情绪和自信。当我们开始行动时，即使是一件微不足道的小事，也会带给我们成就感和满足感。这种积极的情绪能够驱散负面思维，帮助我们更自信地面对挑战。

- 接受不完美，持续迭代

每一次尝试都是一次宝贵的经验积累，无论是成功还是失败，都能提供反馈，帮助我们调整方向，优化策略。持续迭代意味着不断地自我反省，找出哪些地方做得好，哪些地方需要改进，然后根据这些结果做出相应的调整。

"逆袭"之路从来都不是一条直线，而是充满曲折和反复的路径。所以，在面对不确定性时，不要纠结，不要犹豫，勇敢地去做你认为正确的事。每一次行动，无论结果如何，都是向目标迈进的宝贵一步。有句话说得好："种一棵树最好的时间是十年前，其次是现在。"不要让"无用的思考"成为你行动的障碍，从现在开始，用行动证明自己的价值。

第八章 实现"逆袭",唤醒人生"翻盘"的底层逻辑

69. 清晰、具体的"逆袭"目标,才更容易实现

谈到"逆袭",很多人的头脑中会产生一种模糊的愿景,缺乏具体的行动指南。比如,说要"成为富人",却未曾细化资产数目、时间节点和实现途径;希望找到一个"理想的伴侣",却未曾定义理想伴侣的具体标准和追求方式。目标模糊,犹如雾里看花,难以把握方向。

想要掌握自己的人生,首先要有明确的目标,即一个可触及、可衡量的目标。如果只是设定一个空洞的"逆袭"目标,并不能激发内在动力,无法支撑自己持续努力。哈佛大学一项长达25年的追踪研究发现:在一群背景相似的年轻人中,那些明确了生活目标的个体,多年后大多成就斐然,步入成功行列。相反,目标不清晰者,则往往生活平淡,少有突出表现。

由此可见,"逆袭"并非都是偶然,而是精心准备的结果。缺乏有效的目标管理策略,个人很容易屈服于惰性,迷失方向。成功者之所以脱颖而出,是因为他们采用了一套更为科学的目标设定方法,这帮助他们保持专注,坚持不懈。

那如何才能设定清晰、具体的"逆袭"目标呢?关键把握好以下三点。

- 明确目标领域

明确目标领域,无论是个人成长还是职业生涯规划,都像建筑师规划

一座大厦一样，需要有清晰的蓝图和分阶段的建设步骤。这个过程可以从设定长期目标开始，逐步细化到短期目标，确保每一步都朝着既定的方向前进。

长期目标代表了你对未来的憧憬，是你心中理想生活的具体化体现。它们不应拘泥于细节的精确性，而应该是一种激励、一种召唤，引导你朝向内心真正渴望的方向前进。想象一下，在10年或者5年后，你希望自己处于什么样的状态，从事什么样的工作，达到何种专业水平，过着怎样的生活。

中期目标是连接长期愿景与日常行动的桥梁，通常覆盖2至5年的范围。这些目标应该更具可操作性，比如获取某个学位、掌握一项新技能、完成一个重大项目等。它们帮助你将长期目标分解成可实现的阶段性成果。

短期目标是具体的、即时的任务，它们构成了日常努力的清单。这些目标应该非常具体，易于衡量，通常覆盖数周到一年的时间。比如，在接下来的一个季度，我将专注于完成博士课程的核心科目，同时每周花费至少10小时用于我的研究项目，确保在年底之前提交一篇初步的研究报告。

通过长期、中期和短期目标的结合，可以确保自己有一个清晰的方向和一套切实可行的计划，从而一步步接近梦想的彼岸。

- 要将目标具体化

要将目标具体化，可以从SMART法则的角度出发，即确保目标具有具体性（Specific）、可衡量性（Measurable）、可达成性（Achievable）、相关性（Relevant）和时限性（Time-bound）。

比如，你可以明确设定收入目标、学习目标和生活目标，并将这些目标详细写下来，甚至可以制作成视觉图表，放置在容易看到的地方，如电脑桌面或卧室墙上。这样的视觉化提醒能够强化你的决心，时刻激励你向前迈进。同时，为了更有效地实现目标，要设定明确的时间节点，将长远目标分解成一系列阶段性目标，并为每个阶段制订相应的行动计划。

- 动态调整目标

设定目标并不意味着一成不变。随着环境的变化和个人的成长，目标也需要适时调整。定期回顾目标的进展，必要时做出调整，确保目标始终符合你的长期愿景。比如，每季度或半年进行一次目标评估，检查目标的进展情况，确认是否仍然符合你的长期愿景和当前情境。如果环境变化不大，可以对目标进行微调，如修改时间线、资源分配或具体指标。当外部环境发生重大变化时，可能需要对目标进行根本性的调整，甚至重新设定方向。

目标是行动的指南，也是"逆袭"的起点。在追逐梦想的过程中，一定要有清晰、具体的目标，它如同航海图上的罗盘，指引你在前进路上找准方向，避免在追求次要事务的过程中错失机遇。

70. "逆袭"有计划：详细规划路径与步骤

很多人从踏入职场到临近退休，虽然积累了丰富的阅历，但也走了不少弯路。如果一开始就沿着正确的赛道前行，或许他们会在人生和事业上取得更大的成就。

不论做什么，倘若我们总是采取"走一步，看一步"的即兴策略，即便能够灵活应对眼前的挑战，也往往局限于眼前的决策，错失了深远布局的良机。一个人要实现稳健的成长，一方面要保持对当下敏锐的感知，另一方面，要有"设计思维"，即善于为自己设计一条通向成功的专属路径。

"逆袭"不是一蹴而就的事情，它需要详细的规划和明确的步骤。以下是一份详细的规划路径与步骤，帮助你实现"逆袭"。

- 客观评估自己的能力边界

客观评估自己的能力边界是个人成长和发展的重要步骤。在自我评估时，可以采用自我反思、寻求反馈、测试与实验等方法。自我反思是指通过回顾过去的经历和表现，发现自己在哪些方面表现出色，哪些方面有待提高。比如，记录成就和挑战，分析成功和失败的原因，找出影响结果的关键因素，识别自己的优势和劣势等。

寻求反馈，即让同事、朋友和上司从不同的角度提供有价值的建议。可以提出具体的问题，如"我在哪些方面可以做得更好？"或"你认为我的优势和劣势是什么？"。接受反馈并进行分析，找出共性问题和改进建议。

测试和实验，即尝试新的任务和挑战，看看自己在不同情境下的表现。比如，设定具体的实验目标，如学习一项新技能或完成一个新项目。同时，记录实验过程中的表现和结果，分析成功或失败的原因。根据实验结果，调整自己的目标和策略，不断改进。

- 目标拆解：从宏图到行动指南

有效的目标拆解是将雄心壮志转化为切实可行的行动计划的关键。它不仅帮助我们掌控项目的推进节奏，还能够显著降低执行过程中的不确定性与风险。

比如，把一个年度目标拆解到每个月，再将月度目标拆解到每一周，明确每周需要达到的里程碑。这样，目标不再抽象，而是变得具体且触手可及，每一步都清晰可见，仿佛是一系列连贯的行动指南。

- 识别并管理关键路径

关键路径指的是从项目开始到结束的一系列活动中持续时间最长的路径，它决定了项目的最短完成时间。任何关键路径上的活动延迟都会直接导致整个项目延期，因此，对关键路径上的活动进行有效管理和监控是降低项目风险、控制项目进度的关键。

- 制订行动计划

制订行动计划是达成目标的路线图，它帮助你将宏大愿景转化为可操作的步骤，确保每一步都朝着最终目标迈进。制订行动计划的关键在于以下三点。

首先，列出具体行动。无论是提升技能、拓展人脉，还是完成项目，每一步都要便于执行。

其次，设定优先级。在列出的行动清单中，根据重要性和紧急性对其进行排序。

最后，制订时间表。一旦确定了行动的优先级，接下来就是为每个行动制订详细的时间表。将行动与具体日期或时间段绑定，形成一个清晰的时间轴。这不仅能帮助你跟踪进度，还能确保每项行动在预定时间内得以完成。记得在时间表中留出一定的缓冲期，以应对可能出现的延误或意外情况。

一个优秀的行动计划，不仅是一份详细的指令集、一张行动的导航图，更是一种思维方式，一种将愿景转化为现实的实践哲学。这样的计划不仅能为你的努力提供方向，还能确保资源的有效配置和时间的高效利用。

第八章 实现"逆袭",唤醒人生"翻盘"的底层逻辑

71. 迈出第一步,先完成最轻松的目标

网络上流传着一个段子,大意是:2024年的新年计划,就是搞定2023年那些原定于2022年的安排,只为兑现2021年时要完成2020年计划的承诺。这个段子以幽默的方式反映了一个普遍存在的现象——目标拖延与计划搁置。由于各种原因(如缺乏执行力、意外事件干扰、动力减退等),一些未完成的目标会像滚雪球一样,一年接着一年累积,最终变成了一个长期悬而未决的"待办事项"。

很多人都有一个习惯,经常制定一些雄心勃勃的目标。然而,目标一多,面对纷繁复杂的计划时,便会时常感到迷茫和无力。那么,如何破解这种困局呢?一个简单有效的策略就是先完成最轻松的目标。

从最简单的事情入手,不要想着我要做成大事或难事,而是考虑:我能够在每天的生活中,完成什么样的小事?每天做一点,不知不觉中推进它的进度,并从中得到正向反馈,获得成就感、满足感和幸福感。

吉姆·柯林斯曾提出了一个概念——"二十英里法则",其灵感源于两个真实事件:一是在1911年南极探险中,一方团队不管天气如何,坚持每天前进约20英里;另一方团队在好天气时快速行进、坏天气时则停滞,最终前者先到达南极点且安全返回。二是在1974年横渡美国大陆跑

步比赛中，获胜者每天跑完固定英里数，不受外界因素影响。

该法则的核心是：拒绝追求一时努力，在外部条件不确定时保持内在确定性，做到稳定、持续，即顺境不骄纵、逆境不退缩，始终恪守上线和下线，学会自律，不让外界变化左右自己，以稳定节奏实现目标。

将这一理念应用于目标追求上，意味着优先完成那些最容易达成的任务，并保持稳定的表现，而不是一开始就直面最难啃的骨头。这是一种渐进式策略，其背后的心理学原理被称为"小胜积累效应"，即只要以持续且可控的步伐前进，即使再艰巨的挑战，也能逐渐克服。

比如，在工作中，可以将一个大型项目拆解成一个个小目标，并按顺序完成。再如，完成一份报告，可以先完成引言部分，再完成数据分析，最后完成结论部分。这种将复杂任务分解的策略，不仅可以降低难度，还可以在完成每一个小目标后获得成就感。

在运用这一方法时，特别要注意三点。

一是要客观评估实现目标的难度。为此，可以将所有想要实现的目标写下来，无论大小。然后对每个目标进行评估，确定它们的难易程度。将一些较容易实现的目标放在列表的最前面，作为你的起点。

二是学会庆祝小成就。每完成一个小目标，记得庆祝一下，哪怕只是简单地给自己点个赞，这也是维持动力的重要环节。

三是逐步提升难度。随着信心和能力的提升，可以逐渐转向更具挑战性的目标。按照"先易后难"的原则，比如可以先从"每天阅读半小时"开始，因为这相对容易，不需要太多的准备和精力。一旦这个习惯形成，再逐步增加难度，比如开始学习一门新语言或制订健身计划。

生活中，随处可见先完成最轻松的目标的应用。比如，健身房的新手，往往会从简单的器械训练开始，逐渐提升强度和难度。优秀的运动员也会在比赛前完成一些热身运动，以放松身心，进入最佳状态。

这种做事思维告诉我们：无论追求什么目标，都不妨先从最轻松的那部分开始。通过实现一系列小的、容易达成的目标，可以积累信心、提升能力，并为后续的成功奠定坚实的基础。

72. 看透失败的底层逻辑，学会"科学地犯错"

在多数人眼中，失败被视为需要极力避免的负面结果。它可能带来挫败感、自我怀疑，甚至恐惧。然而，对于那些敢于直面失败、从中吸取教训的人来说，失败实际上是一条通往成功的隐秘路径。

犯错并不可怕，重要的是，应该从错误中吸取教训，避免同样的错误一犯再犯。如果在犯错后，通过分析、总结，举一反三，在今后的决策和行动中更加谨慎、明智，不再犯同样的错误，或是避免类似的失败，那么这样的错误就是有价值的。

所以，要学会理性地看待错误，必要时，不仅不要逃避错误，反而要学会"科学地犯错"——将错误视为成长的机会，而不是失败的标志。这是一种积极向上的人生观和工作态度。

北宋时，毕昇为革新印刷技术，不断尝试使用新的材料。在当时，木材易获取且加工方便，看似是合适的材料。然而，实际印刷中木质活字问题频出。由于印刷环境难以控湿，木材受湿度影响大，易膨胀收缩变形，导致排版后版面不平。且木质表面不够平整光滑，油墨附着不均，印刷文字模糊，质量差。这次尝试失败。

但毕昇没有放弃，他深入分析，发现失败的根源在于木材物理特性无法满足活字印刷的要求。于是，他开始寻找新材料，经大量试验，最终选定胶泥。胶泥可塑性好，制成活字毛坯后，经火烧变得坚硬，不易变形，表面平整利于油墨附着。毕昇由此成功发明胶泥活字印刷术，他从失败中吸取教训，将错误转化为成功的关键，为印刷技术的发展贡献巨大力量。

古往今来，无数伟大的人物都曾经历过失败的洗礼。爱迪生在发明电灯泡的过程中，经历了无数次的失败，但他却说："我并没有失败，我只是找到了一万种行不通的方法。"牛顿在发现万有引力定律之前，曾无数次地进行实验，最终才揭开了宇宙的奥秘。这些例子告诉我们，失败并非人生的终点，而是一段宝贵的学习过程。

篮球巨星迈克尔·乔丹曾说："我投失了9000多个球，输掉了近300场比赛。我曾26次投失决定比赛胜负的关键一球。在我的一生中，失败总是一个接一个，但这也是我取得成功的原因。"

在失败面前，保持韧性、持续学习与改进，终将引领我们到达成功的彼岸。在学习与生活中，我们该如何从失败中学习呢？答案就是：学会"科学地犯错"。

- 摒弃"失败即耻辱"的思维定势

传统观念中，失败往往被视为耻辱，人们常常不愿承认错误，甚至逃避责任。这种思维定势阻碍了我们对失败的反思，也让我们错失了宝贵的学习机会。我们需要改变这种观念，将失败视为一次宝贵的经验，并从中吸取教训。

- 探寻失败背后的底层逻辑

很多时候，失败源于对现实的认知偏差。我们可能基于有限的信息做出决策，忽略了某些关键因素，或者过于乐观，低估了潜在的风险。信息不对称，即我们与他人或与事实之间存在的信息差异，也常常是导致失败的原因之一。

另外，很多失败并非偶然发生，其背后往往存在着一定的规律和原因。只有深入分析失败背后的底层逻辑，才能真正找到解决问题的关键。

当在工作中遭遇挫折时，应该思考自身的不足，如缺乏经验、技能不足、沟通不畅等，并寻求改进的方法。

- 建立失败记录，及时总结反思

记录每一次失败，分析其原因，总结经验教训，是科学应对错误的重要环节。建立一个"失败日志"，将每一次失败的具体情况、原因分析、改进措施等记录下来，方便日后查阅和反思，有助于我们避免犯同样的错误。

总之，不要隐藏失败，也不要因为失败而否定自己。失败不是终点，而是一个转折点，一个通往更深层次理解和成长的门户。面对失败，应保持开放的心态，勇于承认并深入分析其根源，从中汲取智慧，调整策略，避免重蹈覆辙。

第八章 实现"逆袭",唤醒人生"翻盘"的底层逻辑

73. 培养抗挫能力,享受"逆袭"的过程

在追求成功的道路上,挫折如同影子一般,伴随着每一个人的脚步。面对失败与挑战,有的人选择退缩,有的人却能从中汲取力量,逆风"翻盘"。这背后的关键在于抗挫能力的培养。

抗挫力强的人往往不畏艰难,即使遭遇逆境,也能保持乐观,寻找转机。这种坚韧不拔的精神使他们在面对挑战时,总能找到新的解决方案,最终实现目标。

西汉史学家司马迁因"李陵之祸"被处以宫刑。这是一种极其残酷的刑罚,使他遭受了巨大的身心创伤。然而,司马迁并未因此一蹶不振。他凭借坚韧不拔的精神和强大的抗挫力,忍辱负重,发愤著书。

在困境中,他始终保持着对历史真相的执着追求和对完成《史记》的坚定信念。他不畏艰难,克服了无数的困难和挫折。没有良好的写作条件,他就利用一切可以利用的时间和资源;没有他人的支持和理解,他就独自坚守自己的理想。

最终,司马迁完成了被誉为"史家之绝唱,无韵之《离骚》"的《史记》。这部巨著不仅是中国史学史上的一座丰碑,更是他坚韧不拔、抗挫力强的有力证明。

人的一生中,难免会有波折,甚至会遭遇重大打击。只是,有的人在面临重大挫折甚至失败时,只将其视为人生中的一次过客,拍拍身上的尘

土继续前行；而有的人却被这些挫折压垮，无论是在生活中还是工作中，都难以实现突破。

要想在人生与事业中有所作为，必须成为一个能扛事、能抗挫折的人。那么，如何提升抗挫力呢？关键在于运用好三大策略。

- 接受失败，控制好自己的情绪

倘若你明白失败是必然会经历的，那确实没什么可惧怕的。真正可怕的并非失败本身，而是你由于害怕失败而不敢迈出第一步，是你因为一次微不足道的失败就全盘否定自己，是你一旦遭遇挫折和失败，就无法控制自身情绪，致使这种挫败与焦虑的心态充斥在整个生活和工作的氛围里。

常言道："能够控制情绪的人，才能主宰自己的人生。"因此，要学会坦然面对失败，绝不能让消极情绪在生活中肆意泛滥。

- 实力不足时，干脆放下脸面

一是它无法为你换取真才实学，二是它无法为你搭建成功的桥梁，三是它无法在你迷茫无助时给予切实的指引。所以，实力不足时，干脆放下脸面做事。如此，在锤炼自身能力、积累经验的同时，才能更好地把握机会。

- 乐观应对，做最坏的打算

面对挫折，有的人会惊慌失措、六神无主，导致阵脚大乱，使得问题被无限放大，最终无法挽回。然而，也有一些人，无论遭遇多么巨大的挫折，都能找到扭转局势的关键之处，以乐观冷静的态度掌控局面，最终实现反败为胜。这要归功于他们拥有极强的控制感。

这里所说的"控制感"，即为最坏的结果做最好的准备。无论面临多么严峻的困难，都应想方设法去克服。只要最坏的情形尚未降临，就应当始终怀揣着最美好的期望。

第八章 实现"逆袭",唤醒人生"翻盘"的底层逻辑

人生之路漫长,困难犹如大海中的浪涛,总是一浪接着一浪。所以,能否应对一次又一次的考验,确实是每个人都要面对的一种极大挑战。在"逆袭"的道路上,只有不断突破自我,超越极限,将每一次的胜利视为一次成长,一次对自己的肯定,才能逐步实现从脆弱到坚韧、从迷茫到坚定的华丽转身。

74. 保持定力和韧性，化解危机和困局

古人云："志不强者智不达，言不信者行不果。"这个世界看似错综复杂，实际上能左右人生的还是你自己。不要在随声附和中丧失自我，不可在世俗的言辞中丢失初心。有时候，正是那些看似毫不起眼的笃定，塑造了你如今丰满充实的人生。脑中确立目标，脚下拥有动力，内心持有定力，才能让自己的能力契合所向往的生活。

"定"住自己，修炼处变不惊、临危不惧、向阳而生的能力，未来的路途才能越走越开阔。在一次演讲中，史学大家许倬云说道："自己掌握自己，要有你的定见，才能定心。"他鼓励年轻人在动中求稳，不丧失自我，掌好人生的舵，做个冲浪者，在狂风大浪中挺得住，在和风细雨中不偷懒。

左思是西晋时期的文学大家。早年，他曾写过一篇《齐都赋》，为此花费了整整一年的时间。在那段时间里，他沉浸于对齐都的研究与描绘之中，查阅大量典籍资料，走访众多耆老贤达，只为能将齐都的风貌、人文、历史等方面展现得淋漓尽致。他不被外界的喧嚣所干扰，专注于笔下的文字，精心雕琢每一个词、每一句话。

而其代表作《三都赋》的创作更是耗费了他整整十年光阴。其间，他闭门谢客，将自己与外界的纷扰隔绝开来。为了不放过任何一个灵感的闪现，他在家门口、庭院中都摆放着笔和纸，随时想到一句精妙的话语就马

上记录下来。有时,为了一个精准的词汇,他能苦思冥想数日;有时,为了一个精彩的段落,他能反复修改数十遍。他的《三都赋》问世后,不仅在当时备受推崇,也为后世所传颂。

很多时候,让人望而却步的并非事情本身的复杂性,而是自己那颗浮躁的心。做事无法保持定力,只会使我们趋于平庸。就像左思,面对当时文坛浮夸的风气和外界的质疑与否定,若他内心浮躁,缺乏定力,怎能用十年时间精心打磨出《三都赋》这般佳作?当我们遭遇困难时,应该试着沉下心来,仔细剖析,一个一个地去化解。

不论做什么事,我们都需要定力和韧性,它们是相辅相成的两种能力,缺一不可。定力是战胜危机的基础,而韧性是克服困局的关键。只有同时拥有定力和韧性,才能在人生旅途上披荆斩棘。特别是在一个浮躁的环境中,我们该如何保持定力与韧性呢?可以遵循如下三个做事原则。

- 该厚积薄发时,不要急于锋芒毕露

积累是一个漫长而艰辛的过程,需要我们保持定力,耐得住寂寞,经得起诱惑。在不断学习、沉淀和充实自我的道路上,切不可因一时的冲动而急于展现自己的才能。只有经过充分的积累,当机遇来临时,我们才能厚积薄发,释放出真正强大的力量。保持韧性,持续积累,方能在关键时刻展现耀眼的光芒。

- 该稳扎稳打时,不要妄图一蹴而就

成功从来都不是一蹴而就的,每一个坚实的步伐都需要我们付出努力和耐心。在追求目标的过程中,要保持稳定的心态,一步一个脚印地前进。不要被快速成功的幻想所迷惑,而应凭借坚定的毅力,专注于当下的每一个任务,把基础打牢。以韧性应对可能出现的挫折和困难,相信只要坚持不懈,终能抵达成功的彼岸。

- 该深耕细作时，不要期望立竿见影

任何有价值的成果都需要时间和精力的投入。深耕细作意味着我们要在一个领域或一项任务中深入挖掘，精心打磨。这需要我们有强大的定力，不被外界的浮躁所影响，不追求短期的表面效果。用韧性克服过程中的枯燥和疲惫，在平凡中发现不凡，并通过点滴的积累，最终实现质的飞跃。

在人生的旅途中，若缺乏自主掌舵的能力，便易被汹涌的浪潮所吞没。拥有做事的定力，便能减少忙乱，增添淡定；面对困境时具备韧性，方可减少焦虑，多一份沉稳。人生在世，变化无常，唯有"定"住自己，"韧"性而为，方能在浮沉中保持积极向上的心态，化解一切艰难险阻。

75. 定期复盘：将经验转化为底层思维

儒家经典《论语》有言："吾日三省吾身。"苏格拉底说："未经反省的人生是不值得过的。"古今中外，圣贤都有"自我复盘"的自律精神，他们更多的是将复盘作为修身养性的途径，重在自我升华。

不论做什么事，如果心路不通，手脚便无法真正动起来。凡事唯有在脑海里进行预演：思考—总结—反省—复盘，方能清晰地看到实现路径，并将经验转化为行动的指南，从而在面对具体情况时能够更加从容不迫，少走弯路，提高成功的概率。

复盘，原是围棋术语，也称"复局"，是指对局完毕后，复演该盘棋的记录，以检查对局中招法的优劣与得失关键，从而发现攻守漏洞，磨砺自身棋艺。在做事过程中定期复盘，即对过往工作进行回顾、复刻、反思、探究、推演，发现问题、找出原因、总结规律，从而推动工作不断改进。

拥有复盘思维，能够大概率地降低工作中平庸的重复，规避不经心的琐碎事务，将积累有效地转化为能力，为经验树立起正确的态度，把前期的"工作存量"成功转变为未来的"成果向量"，从而实现工作价值的最大化。

有一个电商直播团队，在一次直播带货中遭遇了"滑铁卢"。事后，团队成员聚在一起召开了复盘会。几个上镜主播都说："因为没有把促单话术背下来，导致直播'卡顿'。"

其实，即便主播把促单话术背得滚瓜烂熟，销售情况也未必会有多好。于是，老板提出了一个建议："从下次直播开始，一定要录屏，方便后续复盘。复盘时，大家要对照视频，仔细分析用户停留时间、增加的粉丝数量、销售额、点击成交转化率、人气趋势、互动趋势等关键数据。因为这些数据从多个方面体现了用户对直播平台信任程度的变化。"

在接下来的复盘中，大家逐渐发现，不仅主播在促单环节存在问题，直播的选品也没有充分考虑用户需求和市场趋势。同时，直播间的布置不够美观和专业，直播的时间安排也不太合理。针对这些问题，团队不断完善和改进计划，销售业绩也逐渐好转。

复盘不仅仅是总结过去的失误，也不是单纯为了消除具体问题，而是通过深入分析找到问题的根源，从而实现持续的进步和发展。如果缺少全方位的复盘，同样的问题很容易重复出现，这样，大部分精力都会用在对问题的修修补补上。

- 用好清单，抓住复盘"牛鼻子"

一份精心制定的清单能够让我们在复盘时条理清晰、目标明确。它可以包含对事件各个方面的详细描述，比如时间安排、任务分配、资源利用等。同时，针对每个方面列出可能出现的问题及潜在的风险。通过这样的清单，我们能够迅速把握复盘的重点，明确哪些环节是关键的，哪些问题是亟待解决的。而且，清单还能帮助我们避免遗漏重要信息，确保复盘的全面性和准确性。

- 对照目标，握稳前进"方向盘"

目标如同前行的灯塔，为我们指明方向。通过将实际结果与既定目标进行对比，我们能清晰地看到偏差所在。如果实际成果远超目标，就要分析成功的关键因素，是策略得当、团队协作高效，还是市场环境有利，以便后续继续发扬。倘若未达到目标，更要深入剖析原因，是目标设定过高不切实际,还是执行过程中出现了偏差;是资源分配不合理,还是外部因素的干扰。明确这些,才能在未来的工作中做出调整,避免重蹈覆辙,让我们始终沿着正确的道路前行,稳稳地把握住前进的"方向盘"。

- 总结规律,把问题变成方案

深入剖析过往的经验,不仅仅是关注单个问题事件,而且要从一系列相关的问题中探寻深层次的逻辑和内在联系。比如,若在多个相似的项目中都遇到了沟通不畅导致的误解和冲突,这就暗示着可能存在沟通机制的缺陷或者团队成员之间协作方式的问题。此时,需要从这些反复出现的问题中归纳出一般性的规律,比如是否存在信息传递的断点、是否缺乏明确的沟通原则。基于总结出的规律,有针对性地制定解决方案。通过这种方式,让每一次的复盘都成为提升能力、优化工作的契机。

复盘对我们的人生来说非常重要。通过不断复盘,找出问题、剖析原因、总结规律,把知识和技能固化为内部的知识库,并且能够有效地运用过往经验,如此方能实现我们在职场上的不断精进。

76. 及时调整策略，不断优化和迭代

在正式开始一件事情之前，很多人有一个习惯：为了使计划尽善尽美，他们会反复思考："是否有遗漏的地方？""还有什么可以补充？""这个计划还能完善吗？"之所以这样，无非是想打造一个大家都认可的方案。

小王本科就读于一所普通院校，专业是计算机科学与技术。大三时，他决定考研，目标是一所知名高校的计算机专业。

最初，他制定的学习策略是按照考试大纲，全面复习专业课程，同时每天背诵英语单词和练习英语阅读，政治则计划在后期集中突击。然而，在复习过程中，他发现专业课程内容繁多，知识点分散，按照原计划推进，不仅进度缓慢，而且很多知识只是表面理解，无法深入掌握。模拟考试的成绩也很不理想，这让他意识到原策略存在问题。

冷静下来分析，他发现自己没有抓住重点，没有区分知识点的重要程度和考试频率。同时，学习方法过于单一，缺乏总结归纳和知识体系的构建。

于是，他及时调整策略。对于专业课程，他向已经考上目标院校的学长请教，获取了历年真题和重点复习范围，按照重要程度对知识点进行分类，优先攻克核心知识点。在学习过程中，他不再单纯死记硬背，而是通过做笔记、画思维导图等方式，构建知识体系，加深理解。针对英语，他增加了写作练习，每周写两篇作文，并找老师帮忙批改。政治方面，他提

前开始系统学习，通过上网课、做练习题的方式，逐步积累知识。

经过几个月的努力，小王的成绩有了显著提升。最终，他成功考上了目标院校，实现了自己的目标。

在执行一项计划的过程中，为了应对意外情况，该如何有针对性地调整既定策略呢？

- 分析偏差原因

当发现自己的计划与目标出现偏差时，一定要进行全面且深入的探究，找出背后的真正原因。以学习为例，如果制定的提高英语成绩的目标没有达成，可能是自己花了太多时间背单词，而忽略了对听力和写作的练习；又或者是最初制订的每天背多少单词、做多少习题的计划本身就不科学，没有考虑到自己的实际接受能力。

- 制定备选方案

在规划个人策略时，要有长远的眼光，考虑到可能出现的状况，并准备好多个备用方案。这样，当原本的计划遇到阻碍时，就能迅速切换到其他可行的方案，不至于手忙脚乱。比如，你计划利用业余时间学习摄影并成为自由摄影师接单赚钱。主计划是参加线下专业课程，同时在个人社交平台积累作品人气。为了防止线下课程因故取消，需做好备选方案：参加线上课程并加入摄影社群交流学习；若个人社交平台流量不佳，就转向专注本地生活平台，争取与本地商家合作；要是短期内难以接到单，也可先从兼职摄影助理做起，积累经验与人脉等。

- 小规模测试调整

在大规模执行新的策略或者做出重大调整之前，先在小范围内进行试验。通过这样的尝试，可以评估新策略是否有效，降低可能出现的风险。比如，想用思维导图来整理自己所学的知识，可以先在一门相对简单的学科上试用一段时间，看看效果如何，是否能提高自己的学习效率和理解程度。如果效果不错，再推广到其他学科；如果效果不好，及时调整或者放弃。

- 迭代优化

要将对个人策略的调整视为一个持续不断的过程，而不是一次性的任务。每次调整之后，都要认真评估，看看是否达到了预期效果，是否还有改进的空间。以提升沟通能力为例，每次尝试新的沟通技巧或改变交流方式后，可以通过观察对方的反应和交流的顺畅程度来评估效果。如果发现还有不足之处，比如表达不够清晰等，就要继续优化，不断完善，使自己的沟通能力不断增强。

及时调整策略、不断优化和迭代是一种积极适应变化、追求进步的态度和方法。它使我们能够在充满变数的世界中保持灵活性和竞争力，不断实现自我完善和成长。

77. 开启新篇章:"逆袭"之后还有更多可能

"逆袭"一词,如今已成为时代浪潮中一个充满希望和力量的关键词。它象征着打破束缚、超越自我、实现梦想的勇气和决心。然而,当我们沉浸在"逆袭"的喜悦中时,应该冷静思考:"逆袭"的底层逻辑是什么?

"逆袭",不是从平民变成"高富帅",也不是从"丑小鸭"变成"白天鹅"。"逆袭"的底层逻辑是:你终于开始掌控自己的命运——从一个被动接受命运安排的"咸鱼"变成了一个主动出击、掌控人生的"战士"。

所以,"逆袭"并非人生目标的终点,它只是人生剧本的第一幕。它像一场序曲,预示着更加精彩纷呈的章节即将展开。在"逆袭"之后,我们拥有了更多的信心和动力,去面对生活中的各种挑战,去探索未知的领域,去实现更加远大的梦想。

小张出生于偏远农村家庭,初中肄业后随老乡进城务工。最初他在建筑工地从事最基础的搬运工作,每天高强度劳动十几个小时,收入微薄。面对恶劣的工作环境和微薄的收入,他并未就此放弃,而是利用晚间休息时间学习建筑相关知识,逐步掌握了水电安装、结构设计等核心技术。

通过多年努力,小张在建筑行业站稳脚跟,成为优秀的水电工程师并考取建造师资格证,完成了人生的首次突破。但他并未止步于此,他敏锐洞察到传统建筑业效率低下与资源浪费等问题,潜心钻研装配式建筑技术和绿色施工方法,致力于推动行业革新。

经过多年攻关，小张成功研发一套高效装配式建筑施工方案，并以此为基础创立专注于绿色建筑的企业。如今，其企业已在全国范围内承建多个重大项目，带动数百名农民工实现职业转型。

生活就像一部不断展开的故事集，而我们都是自己故事的书写者。在这漫长的篇章中，我们不能因为一时的"逆袭"而停下脚步，而是要学会不断突破自己，创造各种可能。接下来的路还很长，我们要不畏挑战，持续探索、创造。

- 升级技能树，提升自己的潜能

"逆袭"只是让你拥有了技能点，而如何利用这些技能点去升级你的技能树才是关键。就像你终于学会了"打怪"，但你还需要学会"打Boss"。"逆袭"之后，你需要不断学习、提升、精进，才能在人生这场"游戏"中不断升级，最终获得胜利。

比如，你从一个普通员工晋升为部门主管，但这并不意味着你可以高枕无忧了。你需要学习领导技巧，提升管理能力，才能真正成为一名优秀的管理者。

- 开拓新地图，寻找新的人生目标

"逆袭"之后，意味着你已经突破了原有的局限，拥有了更广阔的发展空间和更高的起点。但这只是一个新的开始，真正的成长在于持续突破自我，不断探索未知的领域，寻找更高远的目标。因此，"逆袭"之后要学会开拓自己的人生地图，寻找新的人生目标。如此，个人能力边界会得到拓展，视野会得到不断提升，施展才华的平台也会越来越大。

- 拓展人脉网，不要一个人战斗

"逆袭"之后的你，已经站在了一个新的高度，但这并不意味着你可以孤军奋战。在新的舞台上，你将面临更加复杂和多变的挑战，仅凭个人努力往往难以应对所有问题。因此，要学会与更多的人协同作战——与不同背景、不同领域的专业人士合作，并学习他们的经验和智慧，让自己在团队中发挥更大的作用。如此，才能在新的征程中走得更远，实现更高的目标。